Suplementación proteica en ganado de carne a pastoreo

Teoría y Práctica

Valeria Reinoso

Doctora en Medicina y Tecnología Veterinaria

Consultora en Producción Animal

Carmelo, Uruguay

Claudio Soto

Doctor en Medicina y Tecnología Veterinaria

Consultor en Nutrición Animal

Artigas, Uruguay

CONTENIDO

Capítulo 1
Introducción

1.1 Generalidades sobre suplementación.

Las pasturas son la principal base alimenticia de la ganadería en las zonas templadas y tropicales, la utilización del forraje a través del pastoreo es el medio mas económico de alimentar ovinos y bovinos, sin embargo en determinadas situaciones se debe recurrir al suministro de alimentos adicionales para sobreponerse al insuficiente consumo de nutrientes cuando la cantidad y/o calidad del forraje pastoreado es inadecuado.

Suplementar es suministrar a los animales alimentos, nutrientes específicos, aditivos o una mezcla de ellos para **complementar una dieta base** cuando ésta es desbalanceada o insuficiente en cantidad, con el objeto de aumentar el consumo y/o la utilización de los nutrientes para obtener una determinada respuesta en la supervivencia, producción, reproducción y/o salud del animal. Un programa de suplementación debe estar enfocado a suplir aquel o aquellos nutrientes que son deficientes para el animal y/o para los microorganismos del rumen.

Dado que los microorganismos del rumen son los principales responsables de la digestión en los rumiantes, una optimización de la fermentación ruminal (maximización del crecimiento y actividad microbiana) siempre redunda en un mayor aporte de nutrientes para el animal y en una menor necesidad de suplementos. Si algún nutriente esencial (nitrógeno, fósforo, azufre, etc.) es deficiente para los microorganismos del rumen o el ambiente ruminal no es óptimo (pH, osmolaridad, etc.) el crecimiento y la actividad microbiana se reducen, la tasa de digestión ruminal se enlentece y el consumo o la digestibilidad de la dieta se deprimen reduciéndose así la producción animal (Van Soest 1994, Nocek y Russell 1988).

Es ampliamente aceptado que los cambios (aumento/disminución) en el consumo y la digestibilidad del forraje ocasionados por la ingestión de suplemento se deben en su mayor parte a modificaciones en la actividad y población microbiana del rumen (Dixon y Stockdale 1999, Hoover 1986, Waldo 1986).

Formular dietas para rumiantes a pastoreo suele ser complejo, dado que generalmente la suplementación debido a cambios en la fermentación ruminal (Bargo y col. 2003, Caton y Dhuyvetter 1997) y a modificaciones en la conducta de pastoreo (Krysl y Hess 1993, Bargo y col. 2003) modifican el consumo de forraje presentando la dieta final generalmente un contenido en nutrientes diferente al teóricamente esperado (Moore y col. 1999, Dixon y Stockdale 1999).

Las pobres respuestas a la suplementación se pueden explicar por una elevada sustitución de forraje por suplemento (Dixon y Stockdale 1999; Bargo y col. 2003), por una pobre digestión del suplemento (Dixon y Stockdale 1999), por la variabilidad individual en el consumo de suplemento (Bowman y Sowell 1997) y/o por una inadecuada asignación de forraje (DelCurto y col. 2000).

La producción animal responde a la ley del nutriente más limitante, es decir aquel nutriente que satisface en menor cantidad los requerimientos del animal dicta el nivel de producción, por ejemplo si el animal consume cantidades de energía, minerales y vitaminas suficientes para lograr elevadas ganancias de peso pero el consumo de proteína es suficiente solo para alcanzar ganancias moderadas, la proteína actúa como limitante y no permitirá expresar todo el potencial de producción que brindan los demás nutrientes (NRC 2000).

Con cualquier tipo de suplemento (energético, proteico, mineral, etc.) la respuesta a la suplementación solo es positiva si la dieta base es deficiente en los nutrientes que aporta el suplemento y solo existe respuesta positiva hasta el punto en que dichos nutrientes dejan de ser limitantes para el animal y/o para los microorganismos del rumen (Van Soest 1994).

Existen diferentes tipos de suplementos cuya indicación de uso varía según las características de la pastura, el nivel de suplementación, las características del animal y el objetivo de producción que se persiga. La elección inadecuada del tipo y/o nivel de suplementación puede acentuar el desbalance de la dieta e impactar negativamente ocasionando una respuesta desfavorable en la producción.

1.2 Importancia de la proteína en el rumiante.

Las **proteínas** son compuestos orgánicos complejos formados por cadenas de aminoácidos (AA) unidos por enlaces peptídicos. Los diferentes AA (metionina, lisina, triptófano, etc.) y no la proteína en sí misma son requeridos como nutrientes por el animal (NRC 2000, 2001).

La proteína de la dieta usualmente se expresa como **Proteína Bruta** (PB), la cual es definida como el contenido de **Nitrógeno** (N) de los alimentos multiplicado por el factor 6.25 ya que se asume que en promedio el contenido de N de las proteínas de los alimentos es de 16%.

El término PB engloba tanto a las proteínas verdaderas (cadenas de AA unidas por enlaces peptídicos) como al **Nitrógeno No Proteico** (NNP) (compuestos nitrogenados que no son proteínas verdaderas, ej. AA libres, ácidos nucléicos, amoníaco, urea, etc.). Una parte de la PB de los alimentos que incluye a la totalidad del NNP y a una parte variable de la proteína verdadera son degradados en rumen y se denomina **Proteína Degradable en Rumen** (PDR), mientras que la proteína verdadera restante que escapa a la digestión ruminal se denomina **Proteína No Degradable en Rumen** (PNDR) o proteína de *by-pass* (NRC 2000, 2001).

La PDR es hidrolizada hasta amoníaco (NH3), AA y péptidos y sirve como fuente de N para la síntesis de **Proteína Bruta Microbiana** (PBM) en un proceso que requiere cierta cantidad de energía fermentecible en rumen por unidad de proteína microbiana sintetizada (Nocek y Russell 1988).

El término **Proteína Metabolizable** (PM) se emplea para designar la proteína verdadera que es digerida post-ruminalmente y absorbida como AA en el intestino delgado, está compuesta por las porciones digestibles de la PBM y de la PNDR de la dieta. Actualmente los requerimientos proteicos de los rumiantes se expresan en PM (NRC 2000, 2001; AFRC 1993).

Un déficit de PDR en la dieta limita el crecimiento y la actividad de los microorganismos del rumen, reduce la síntesis de PBM y en consecuencia reduce el aporte de PM para el animal. La suplementación con PDR solo se justifica cuando el aporte de proteína de la dieta es insuficiente para los microorganismos del rumen (Soto y Reinoso 2007).

Una deficiencia de PM en los rumiantes reduce el consumo de alimentos, la producción y la eficiencia de conversión (Ellis y col. 2000, Leng 1990, Leng y col. 1993). La suplementación con PNDR está indicada cuando el aporte de PBM y PNDR de la dieta no logran cubrir los requerimientos de PM del animal.

1.3 Eficiencia de conversión de los suplementos.

La respuesta a la suplementación se mide a través de la diferencia en producción entre los animales suplementados y no suplementados. La **eficiencia de conversión** (EC) del suplemento expresa los kilogramos de suplemento que son necesarios para producir una unidad adicional de producto (carne, leche, lana, terneros, etc.) sobre el control no suplementado.

Por ejemplo, si la ganancia de peso vivo de los animales suplementados con proteína es de 0.250 kg/animal/día con un consumo de suplemento de 0.5 kg/animal/día y la ganancia de peso del control no suplementado es de 0.100 kg/animal/día la eficiencia de conversión se calcula como:

EC = 0.5 / (0.250 – 0.100) = 3.33 kg suplemento /kg ganancia PV adicional.

En este ejemplo se necesitarían 3.33 kg de suplemento por animal para producir 1 kg de ganancia de peso vivo adicional sobre el control no suplementado.

Conocer la EC de un suplemento permite predecir el **beneficio económico directo** de la suplementación ante diferentes escenarios de precios. La suplementación será económicamente beneficiosa si:

(Ingreso/unidad de producto) > (EC * costo del kg de suplemento)

El beneficio será mayor cuanto mayor sea esta diferencia.

Capítulo 2
Suplementación con Proteína Degradable en Rumen

En general, en las zonas templadas y subtropicales las pasturas son adecuadas en energía y proteína siendo la principal limitante la cantidad de forraje, sin embargo en determinadas condiciones algunas pasturas pueden aparecer deficientes en nitrógeno para los microorganismos del rumen lo cual limita la performance animal (Allden 1981, DelCurto y col. 2000).

2.1 Objetivo de la suplementación proteica.

Diversos trabajos han mostrado una baja a negativa ganancia de peso vivo (PV) y una pérdida de condición corporal en ganado de carne alimentado con forrajes de baja calidad deficientes en proteína lo cual se atribuye al bajo consumo de nutrientes que se logra con este tipo de forraje (DelCurto y col. 2000, Sprinkle 2000). El principal efecto de una deficiencia de proteína en la dieta es una reducción marcada en el consumo de forraje (de hasta 44%, Minson 1990) y la reducción del consumo sería proporcional al déficit de **Proteína Degradable en Rumen** (PDR) de la dieta (Freer y col. 1997; Tedeschi y col. 2000). Los forrajes de baja calidad (altos en fibra y deficientes en proteína) presentan un bajo consumo voluntario debido a que se degradan muy lentamente y permanecen mucho tiempo retenidos en el rumen. La suplementación proteica incrementa el consumo de este tipo de forraje debido a que aumenta su velocidad de digestión, la tasa de pasaje ruminal y la llegada de proteína verdadera al duodeno (proteína metabolizable) (McCollum y Galyean 1985, Koster y col. 1996). Para que esto suceda se requieren tres condiciones básicas:

1°) **el forraje debe ser de baja calidad, con alto contenido en fibra y bajo contenido en proteína** (Allden 1981, Koster y col. 1996). En forrajes con niveles adecuados de nitrógeno la suplementación proteica no incrementa el consumo de forraje ocasionando muchas veces una sustitución de forraje por suplemento, en estos casos los suplementos proteicos actuarían únicamente como fuente de energía (Allden 1981; Koster y col. 1996; Matajovsky y Sanson 1995; Mathis y col. 2000; Sanson 1993). Dolberg y Finlayson (1995) encontraron que con paja tratada con amoníaco en la cual la PDR no era limitante para los microorganismos del rumen a medida que aumentaba el consumo de harina de semilla de algodón disminuía marcadamente el consumo de forraje ocasionando una sustitución de forraje por suplemento aún con bajos niveles de suplementación.

2°) **la oferta forrajera no debe ser limitante**, debe existir una alta disponibilidad de pastura. Si la oferta de pastura es escasa no existe respuesta a la suplementación proteica por la imposibilidad de los animales de expresar un incremento en el consumo de forraje (DelCurto y col. 2000, McCollum 1997, Sprinkle 2000).

3°) **el nivel de suplementación debe ser bajo y el suplemento debe poseer elevado tenor proteico**. Si el nivel de suplementación es elevado (Allden 1981; Cochran y col. 1998; McLennan y col. 1995; Stafford y col. 1996) o el contenido de proteína del suplemento es bajo (Bodine y Purvis 2003; DelCurto y col. 1990a; Stafford y col. 1996) el suplemento impactará negativamente sobre la digestión y el consumo de forraje ocasionando un efecto contrario al deseado, es decir una depresión en el consumo de forraje (efecto de sustitución).

2.2 Cuando suplementar con proteína.

Para determinar si es necesario suplementar con proteína se pueden emplear parámetros del forraje y/o del animal.

Contenido de proteína bruta del forraje.
Los microorganismos del rumen necesitan un adecuado balance entre la disponibilidad de nitrógeno y de energía fermentecible para realizar una eficiente digestión ruminal. Se ha sugerido que dietas con un contenido menor a 6 a 8% de **Proteína Bruta** (PB) serían limitantes para los microorganismos del rumen, en estas condiciones suplementar con una fuente de PDR sería beneficioso (DelCurto y col. 2000; Minson 1990).

La calidad del forraje disminuye a medida que se extiende el período de acumulación, aumenta la disponibilidad o la altura de la pastura. Por ejemplo, en Uruguay se ha constatado que el contenido de PB del forraje nativo disminuye en forma marcada cuando el período de descanso supera los 60 días (Saldaña 2005) o se acumulan más de 2000 kg MS/ha (Montossi y col. 2000).

Relación Nutrientes Digestibles Totales:Proteína Bruta del forraje.
Recientemente se ha determinado que más que el contenido aislado de un único nutriente del forraje, la relación energía:proteína conseguía explicar mucho mejor el efecto de la suplementación sobre el consumo de forraje y el balance de nutrientes (cuadro 2.1). Cuando la relación entre **Nutrientes Digestibles Totales** (NDT) y PB es mayor a 7 el forraje presentaría un déficit de nitrógeno en relación a su contenido en energía (Moore y col. 1999) y en consecuencia respondería positivamente a la suplementación proteica (Bodine y Purvis 2003). El objetivo de la suplementación sería lograr dietas con una relación NDT:PB entre 4 y 6 (McCollum 1997). Es importante destacar que 1 kg de NDT equivale a 3.156 Mcal de EM. En alimentos con bajo contenido en lípidos como por ejemplo los forrajes 1 kg de NDT equivale a 1 kg de MOD (NRC 2000).

En el cuadro 2.2 se puede apreciar como a partir de los 2300 kg MS/ha o un contenido en PB del forraje ofrecido menor a 7.7% ovinos pastoreando campo nativo cosecharían una dieta deficiente en nitrógeno (relación NDT:PB > 7). Debido a la capacidad de los ovinos de cosechar una dieta de mayor calidad que los bovinos (Montossi y col. 2000) cabría esperar que estos últimos comiencen a cosechar una dieta deficiente en nitrógeno con menores disponibilidades de pastura y mayor contenido proteico del forraje que los sugeridos en el cuadro 2.2.

Cuadro 2.1: Balance energía:proteína del forraje y relación NDT:PB del forraje (adaptado de Moore y col. 1999 y Beck y col. 2005).

Balance energía: proteína del forraje	Relación NDT:PB del forraje	Ejemplos de forrajes	Supl. con:
Excesivo en Nitrógeno	< 4	Verdeos de invierno de alta calidad en estado vegetativo	Energía
Adecuado en Nitrógeno	4 a 7	Mayoría de las praderas y del campo natural	Energía
Deficiente en Nitrógeno	7 a 12	Pasturas maduras, algunos ensilajes y henos de gramíneas	Proteína
Muy deficiente en Nitrógeno	> 12	Algunas pajas de cereales y forrajes tropicales muy maduros	Proteína (*)

(*) El forraje es tan deficiente en nitrógeno que responde a casi cualquier nivel de proteína del suplemento.

Cuadro 2.2: Relación entre disponibilidad de forraje del campo nativo en Uruguay y el balance energía:proteína de la dieta cosechada por ovinos (elaborado a partir de Montossi y col. 2000).

Disponibilidad (kg MS/IIa)	PB forraje ofrecido (%MS)	PB forraje cosechado (% MS)	NDT forraje cosechado (% MS)	NDT:PB Forraje cosechado
1000	11.6	16.5	49.0	3.0
1500	10.1	14.0	61.5	4.4
2000	8.6	11.5	69.0	6.0
2300	7.7	10.0	71.1	7.1
2500	7.1	9.0	71.5	7.9
3000	5.6	6.5	69.0	10.6

Relación Proteína Degradable en Rumen:Nutrientes Digestibles Totales del forraje.

Un procedimiento más exacto para determinar las necesidades de proteína suplementaria es balancear la relación proteína:energía de la dieta utilizando la PDR en lugar de la PB. Usualmente el 65 a

75% de la proteína del forraje es degradada en rumen (Repetto y col. 2005), el óptimo aprovechamiento de forrajes de mediana a baja calidad (45 a 60% NDT) ocurre cuando el consumo de PDR representa aproximadamente el 11% del consumo de NDT (Bodine y Purvis 2003; Bodine y col. 2000; DelCurto y col. 2000; Klevesahl y col. 2003). En consecuencia, forrajes con una relación PDR:NDT menor a 11% responderían favorablemente a la suplementación proteica (Bodine y Purvis 2003, Bodine y col. 2000).

Cuadro 2.3: Nivel de PB necesario para lograr en el forraje una relación PDR:NDT igual a 11%.

NDT del forraje	Degradabilidad de la PB del Forraje		
(% MS)	65%	70%	75%
48	8.1	7.5	7.0
50	8.5	7.9	7.3
52	8.8	8.2	7.6
55	9.3	8.6	8.1
58	9.8	9.1	8.5

(*) Ejemplo (55% NDT, 70% degradabilidad) = (55 * 0.11) / 0.70 = 8.6% PB

Tradicionalmente se ha considerado que forrajes con un contenido menor a 6 a 8% de PB serían limitantes en nitrógeno para los microorganismos del rumen (DelCurto y col. 2000; Minson 1990), sin embargo, si se asume que en promedio los bovinos pastoreando campo nativo en Uruguay cosechan un forraje con 55 a 59% NDT (Montossi y col. 2000) y para la óptima utilización de forrajes de mediana a baja calidad se requiere una relación PDR:NDT igual a 11% se puede inferir empíricamente del cuadro 2.3 que cuando el forraje cosechado presenta menos de 8 a 10% PB ya se estaría produciendo un déficit proteico.

Concentración de Nitrógeno Ureico en Sangre.

En condiciones de pastoreo donde la calidad del forraje cambia con el tiempo y la selectividad animal es alta es dificultoso establecer con precisión la relación energía:proteína del forraje consumido. En rumiantes la concentración de **Nitrógeno Ureico en Sangre** (NUS) es indicativo de la relación energía:proteína de la dieta (Hammond 1997). Cuando existe en rumen un exceso de nitrógeno en relación a la energía fermentecible, la concentración de amoníaco (NH3) ruminal se incrementa (Bodine y Purvis 2003, Klevesahl y col. 2003, Koster y col. 1996) lo cual se refleja en un aumento en la concentración de NUS (Hammond 1997), en cambio cuando existe una deficiencia dietética de proteína la concentración de NH3 ruminal es baja (Bodine y Purvis 2003, Klevesahl y col. 2003, Heldt y col. 1999, Koster y col. 1996) y el reciclado de nitrógeno desde la sangre y por la saliva hacia el rumen es más eficiente lo cual se traduce en una disminución en la concentración de NUS (Hammond 1997).

Cuadro 2.4: Relación entre la concentración de nitrógeno ureico en sangre y el balance energía:proteína de la dieta (adaptado de Hammond 1992, 1997).

Nitrógeno ureico en sangre (mg/dl)	Balance energía: proteína de la dieta	Respuesta suplementación: Proteica	Energética
< 7	Deficiente en nitrógeno	Muy positiva	Negativa
8 a 12	Balanceada	Positiva marginal	Positiva
> 10 a 12	Excesiva en nitrógeno	Negativa	Muy positiva

El NUS puede ser empleado para evaluar la respuesta biológica a la suplementación proteica o energética y a los cambios en la cantidad o calidad del forraje (Hammond 1997). El criterio para iniciar o incrementar el nivel de suplementación proteica podría ser cuando el promedio de una muestra representativa del rodeo presenta una concentración de NUS menor a 7 mg/dl o el 25% de los animales de la muestra presentan una concentración menor a 6 mg/dl (Hammond 1992, 1997). Bajo estas condiciones existe una respuesta muy favorable en ganancia de peso vivo a la suplementación proteica en vacas de cría y en novillos en terminación (cuadro 2.4) (Hammond 1992, 1997).

2.3 Características de un buen suplemento proteico.

Para estimular el consumo de forrajes de baja calidad un suplemento proteico debe aportar adecuada cantidad de PDR (DelCurto y col. 2000, Cochran y col. 1998, Bodine y Purvis 2003).

Origen de la fuente proteica.

En rumiantes el nitrógeno de la dieta puede provenir de las proteínas verdaderas o del **Nitrógeno No Proteico** (NNP). Las proteínas verdaderas (ej. harina de soja, expeller de girasol, harina de semilla de algodón, etc.) son mas efectivas en estimular el consumo y la digestión del forraje que el NNP (ej. urea, biuret, fosfatos di y monoamonio, etc.) a pesar que este último es totalmente degradable en rumen. A diferencia con el NNP las proteínas verdaderas además de nitrógeno aportan energía, azufre, aminoácidos, péptidos y esqueletos carbonados que tornan más eficiente los procesos de fermentación y crecimiento microbiano

(Bach y col. 2005; Cochran y col. 1998; DelCurto y col. 2000; Koster y col. 1997, 2002).

La urea es la fuente de NNP más comúnmente empleada en la alimentación de rumiantes, es mejor aprovechada por los microorganismos del rumen con dietas altas en energía fermentecible (altas en granos), en cambio en dietas a base de forraje la urea presenta una baja utilización debido en gran parte a su gran solubilidad en agua lo cual hace que sea hidrolizada en rumen muy rápidamente hasta NH3, creando así una desbalance entre la alta oferta de nitrógeno y la escasa y lenta entrega de energía fermentecible de los sustratos del forraje (Bach y col. 2005; DelCurto y col. 2000). La utilización de la urea con dietas altas en forrajes puede ser mejorada con la adición de una fuente rica en energía fermentecible. Existe especial interés en el empleo de fuentes de NNP en dietas de rumiantes debido a su bajo costo por unidad de nitrógeno.

Las proteínas verdaderas de la dieta normalmente contienen suficiente cantidad de azufre para cubrir los requerimientos de los microorganismos del rumen para los proceso de fermentación y producción de proteína microbiana, sin embargo cuando se suplementa con NNP se debe tener especial cuidado con el aporte de azufre en la dieta, generalmente se recomienda suministrar 3 g de azufre inorgánico por cada 100 g de urea (McDowell 1992). La suplementación proteica es inefectiva si la dieta presenta un déficit de azufre (Minson 1990; Underwood y Suttle 1999).

Nivel de proteína del suplemento.

Cuando se suplementan forrajes de baja calidad el suplemento debe poseer una relación PDR:NDT al menos suficiente para fermentar efectivamente la materia orgánica del suplemento sin necesidad de recurrir a la PDR del forraje, en consecuencia debe poseer como mínimo una relación PDR:NDT de 12 a 13% (Cochran y col. 1998). Si el suplemento es bajo en proteína, la energía que este aporta exacerba la deficiencia de nitrógeno en rumen e impacta negativamente reduciendo el consumo y la digestibilidad del forraje (Stafford y col. 1996, Bodine y Purvis 2003, DelCurto y col. 1990a). En la práctica, el suplemento debe poseer más de 25 a 30% PB, con una degradabilidad ruminal mínima de la proteína de 50 a 60% (McCollum 1997, DelCurto y col. 2000).

Inclusión de Nitrógeno No Proteico en el suplemento.

Si bien el NNP es menos efectivo que la proteína verdadera en incrementar el consumo de forrajes de baja calidad, a bajo nivel de inclusión en el suplemento existe poca desventaja con respecto a las proteínas verdaderas (Cochran y col. 1998; Koster y col. 2002). Clanton (1978) en una serie de experimentos con ganado a pastoreo y diferentes niveles de inclusión de NNP al suplemento encontró que la performance animal disminuyó cuando el suplemento contenía más de 3% de urea en comparación con el ganado alimentado solo con proteína verdadera.

Cuando el equivalente proteico aportado por la urea no supera el 25 a 30% de la PDR del suplemento la diferencia en evolución de la condición corporal en vacas de cría en gestación sería mínima comparado con animales suplementados solo con proteína verdadera. En animales en crecimiento es recomendable que el equivalente proteico aportado por el NNP no supere el 15% de la PDR del suplemento. A altos niveles de inclusión de urea (mayor a 45% PDR del suplemento) comienzan a aparecer problemas de palatabilidad y rechazo del suplemento lo cual dificulta lograr que los animales consuman la cantidad asignada (Cochran y col. 1998; Koster y col. 2002).

2.4 Nivel de suplementación.

Para estimular significativamente el consumo y la digestión de forrajes de baja calidad se deben suministrar pequeñas cantidades de un suplemento de elevado contenido proteico (McCollum 1997; DelCurto y col. 2000; Sprinkle 2000). A elevado nivel de suplementación una vez que el suplemento proteico cubre las necesidades de nitrógeno de los microorganismos del rumen actúa como energético lo cual puede ocasionar un efecto contrario al deseado, es decir una sustitución de forraje por suplemento (Allden 1981; Stafford y col. 1996; Cochran y col. 1998; McLennan y col. 1995), en estas condiciones la posible mejora en la performance se debe al surplus de energía que aporta el suplemento (Allden 1981, Cochran y col. 1998). Además diversos trabajos han demostrado que un exceso de proteína en la dieta deprime el consumo de forraje y la performance animal (DelCurto y col. 1990a,b; Klevesahl y col. 2003; Koster y col. 1996; Bodine y col. 2002) probablemente debido a los cambios endócrinos y metabólicos ocasionados por una intoxicación subclínica por amoníaco (Fernández y col. 1988, 1990, Allen y col. 2009).

En general como guía práctica se recomienda un nivel de suplementación de 0.1 a 0.3% del peso vivo con un suplemento de elevado tenor proteico mayor a 30% de PB (McCollum 1997). Generalmente existe una respuesta positiva en ganancia de peso vivo cuando el consumo de PB proveniente del suplemento proteico supera el 0.05% PV y es siempre positiva cuando supera el 0.1% PV (Moore y col. 1999).

En Soto y Reinoso (2007) se puede encontrar la descripción detallada de una metodología de cálculo para estimar en forma más precisa el nivel de suplementación proteica teniendo en cuenta las características del forraje, del suplemento y del animal.

2.5 Frecuencia en el suministro de suplemento.

Debido a la capacidad de los rumiantes de retener y reciclar el nitrógeno ingerido en la dieta, el suministro de suplementos proteicos en forma infrecuente generalmente no presentaría desventajas frente al suministro diario cuando se compara a través de la evolución de la ganancia diaria del peso vivo, condición corporal o performance reproductiva (Beaty y col. 1994; Farmer y col. 2001). Sin embargo, dada la rápida y gran degradación de las fuentes de NNP, cuando el suplemento posee elevadas cantidades de urea (equivalente proteico aportado por la urea mayor al 15% de la PDR del suplemento) es conveniente el suministro diario para evitar los problemas que conlleva en la producción el exceso de amoníaco en rumen y en sangre (Farmer y col. 2004).

En general se recomienda suministrar el suplemento proteico en forma diaria o cada 2 a 3 días (McCollum 1997; Farmer y col. 2001), por ejemplo si el nivel de suplementación es de 0.5 kg/animal/día y el suministro es cada 3 días, cada 3 días se suministraran 1.5 kg suplemento/animal (0.5 kg * 3 días = 1.5 kg).

2.6 Respuesta a la suplementación proteica.

Muchos estudios han demostrado que cuando la proteína es deficiente en la dieta la suplementación proteica incrementa el consumo de forraje en un 10 a 70% y algunos estudios han demostrado un incremento de 2 a 5 puntos porcentuales en la digestibilidad del forraje (Minson 1990), obteniéndose generalmente una eficiencia de conversión de 1.5 a 3 kg de suplemento por kg de ganancia de peso vivo adicional (McCollum 1997; McLennan y col. 1995). La eficiencia de conversión disminuye a medida que aumenta el nivel de suplementación (McLennan y col. 1995).

Cuanto más deficiente es el forraje en proteína mayor es la depresión en el consumo del mismo (Freer y col. 1997; Tedeschi y col. 2000) y en consecuencia mayor será la respuesta a la suplementación proteica, la respuesta será mayor con suplementos en base a proteínas verdaderas que en base a NNP (Minson 1990).

Debe quedar claro que la suplementación proteica mejora la performance del ganado alimentado con forrajes de baja calidad fundamentalmente debido a un aumento en el consumo de forraje, si por alguna razón (baja disponibilidad forrajera, adecuado contenido proteico del forraje, alto nivel de suplementación, bajo contenido proteico del suplemento, etc.) el ganado no puede aumentar el consumo de forraje, la suplementación proteica se torna ineficaz y antieconómica (DelCurto y col. 2000; McCollum 1997; Sprinkle 2000).

2.7 Estrategias de suplementación con proteína.

En la zona templada y subtropical se ha observado que el mejor desempeño de los animales suplementados con proteína ocurre en el periodo estival, en campos nativos excluidos del pastoreo por periodos de 30 a 90 días y con disponibilidades iniciales de 2000 a 2800 kg MS/ha (Ospina y col. 2007). A medida que el periodo de descanso se extiende la pastura va perdiendo progresivamente calidad, en categorías con altas demandas nutricionales como por ejemplo terneros y vaquillonas es deseable que el periodo de exclusión no supere los 60 días, siendo posible periodos de descanso de hasta 90 días en categorías con menores requerimientos nutricionales como vacas adultas y novillos (Ospina y col. 2007).

En la zona tropical la suplementación proteica se hace necesaria en la estación seca del año donde el abundante forraje acumulado en la estación lluviosa pierde rápidamente calidad tornándose fibroso y deficiente en proteína.

La suplementación proteica también está indicada en animales alimentados a base de pajas o rastrojos de cereales como por ejemplo de trigo, cebada, arroz, sorgo, maíz, etc. los cuales son forrajes muy fibrosos y muy deficientes en proteína.

Capítulo 3

Suplementación con Proteína No Degradable en Rumen

Los requerimientos proteicos de los rumiantes para los diferentes procesos fisiológicos y productivos se expresan en **Proteína Metabolizable** (PM) la cual se define como la proteína verdadera que es digerida post-ruminalmente y absorbida como aminoácidos (AA) a nivel del intestino delgado, está compuesta por las porciones digestibles de la **Proteína Bruta Microbiana** (PBM) y de la **Proteína No Degradable en Rumen** (PNDR) de la dieta (NRC 2000, 2001; AFRC 1993).

3.1 Objetivo de la suplementación proteica.

En los rumiantes la deficiencia de PM ocasiona una reducción en el consumo de alimentos, una disminución en la producción de carne, leche, lana, etc. y una baja eficiencia de conversión de los alimentos (Ellis y col. 2000, Leng 1990, Leng y col. 1993).

Es frecuente encontrar en rumiantes a pastoreo alimentados tanto con forrajes de alta como de baja calidad diferentes grados de deficiencia de PM, cuando el aporte de PM de la dieta no logra cubrir los requerimientos de los animales se debe suplementar con alimentos ricos en PNDR.

3.2 Cuando suplementar con Proteína No Degradable en Rumen.

A) Animales alimentados con pasturas de alta calidad.

Las pasturas templadas (ej. trébol blanco, alfalfa, avena, trigo, raigrás, etc.) de alta calidad se caracterizan por poseer alto contenido en Proteína Bruta (PB) y alta digestibilidad, suelen ser considerados forrajes cuyo contenido en proteína no sería limitante para la performance animal, incluso para animales de alta producción. Sin embargo gran parte de la PB de este tipo de forraje se degrada muy rápidamente en rumen (Repetto y col. 2005) y puede perderse como amoníaco debido a la baja síntesis de PBM como consecuencia de la escases relativa de energía fermentecible que presentan, en consecuencia el aporte de PM del forraje puede ser insuficiente para el animal (Poppi y McLennan 1995; Elizalde y Santini 1992; Merchen y col. 1997). Además como este tipo de forraje presenta una alta degradabilidad ruminal aporta muy baja cantidad de PNDR (Repetto y col. 2005) lo cual contribuye al bajo aporte de PM para el animal.

La mejor performance que presentan los animales alimentados con pasturas templadas de alta calidad se debe principalmente al alto consumo voluntario que se logra con este tipo de forraje más que por el alto contenido de PB del mismo (Poppi y McLennan 1995).

En el Cuadro 3.1 se puede apreciar como el modelo del NRC (2000) predice que el heno de alfalfa en estado vegetativo temprano a pesar de tener un 80% más de PB que el heno de alfalfa en floración plena aportaría tan solo 14% más de PM debido al gran desperdicio de PDR que presenta como consecuencia del déficit relativo de energía fermentecible en rumen que posee. Este tipo de forraje responde favorablemente a cualquier suplementación correctiva que eleve el aporte de PM para el animal, ya sea suplementos energéticos ricos en carbohidratos de fácil fermentación (Titgemeyer y Loest 2001; Horn y col. 2005) que capturan el exceso de PDR y aumentan el aporte de PBM o suplementos ricos en PNDR que aportan directamente gran cantidad de aminoácidos absorbibles (Poppi y McLennan 1995; Titgemeyer y Loest 2001).

Cuadro 3.1: Predicción del modelo del NRC (2000) sobre el aporte de proteína metabolizable de dos forrajes contrastantes en su contenido en proteína bruta.

	Heno alfalfa estado vegetativo temprano	Heno alfalfa floración plena	Diferencia (%)
NDT (g/kg MS)	670	560	20
PB (g/kg MS)	234	130	80
Degr. PB (%)	87	77	---
PDR (g/kg MS) = (PB * Degr)	203,6	100,1	103
PNDR (g/kg MS) = (PB * (1 - Degr))	30,4	29,9	2
PBM (g/kg MS) = (NDT * 0.13)	87,1	72,8	20
PM (g/kg MS) = (PBM * 0.64 + PNDR * 0.8)	80,1	70,5	14
Desperdicio PDR (g/kg MS) = (PDR - PBM)	116,5	27,3	327
Desperdicio PDR (% PB)	49,8	21,0	---
Desperdicio PDR (% PDR)	57,2	27,3	---
EM (Mcal/kg MS)	2,42	2,02	20
Relación PM:EM (g/Mcal)	33,1	34,9	-5

La suplementación a bajo nivel con PNDR (ej. harina de pescado, harina de sangre, caseína tratada con formaldehido, harina de soja tratada con calor, etc.) puede aumentar el aporte de PM y mejorar la ganancia de peso vivo de animales pastoreando forrajes de alta calidad y alta disponibilidad (de 90 a 170 g/día sobre el grupo control) (Poppi y McLennan 1995; Titgemeyer y Loest 2001) debido a un aumento en el consumo de forraje (Donalson y col. 1991) y a un incremento en la eficiencia de utilización de la energía de la dieta como consecuencia de la señal metabólica que crearía la mejora en la relación Proteína Metabolizable:Energía Metabolizable absorbida por el animal (Leng 1990; Leng y col. 1993; Ellis y col. 2000).

Niveles elevados de suplementación con PNDR pueden no mejorar o reducir la ganancia de peso vivo (Mbongo y col. 1994) probablemente debido a los cambios endocrinos y metabólicos que ocasiona el exceso de proteína en la dieta (intoxicación subclínica por amoníaco) (Fernández y col. 1988, 1990; Parker y col. 1995).

B) *Animales alimentados con ensilados de pasturas de alta calidad.*

El proceso de fermentación del silo puede alterar el valor nutritivo del forraje y acentuar el desbalance de las pasturas. Los ensilajes de gramíneas y leguminosas, con respecto al material fresco, presentan mayor proporción de PDR (especialmente de la fracción NNP) por la mayor proteólisis y menor cantidad de energía fermentecible en rumen por la trasformación de parte de los carbohidratos solubles en ácidos grasos volátiles y ácido láctico durante el proceso de fermentación del silo, lo cual lleva a una mayor perdida en el rumen de la PB como NH3 y a un bajo aporte de PM para el animal (Jarrigue y col. 1982; Broderick 1995). La suplemtación con PNDR generalmente mejora en forma consistente la ganancia de peso vivo de animales alimentados con ensilajes de pasturas como dieta base (Hussein y Jordan 1991; AFRC 1993; Titgemeyer y Loest 2001).

C) Animales alimentados con forrajes de baja calidad.

Los forrajes de baja calidad, altos en fibra y deficientes en proteína (ej. pajas de cereales, rastrojos, etc.) se degradan muy lentamente y permanecen mucho tiempo retenidos en rumen lo cual lleva a un muy bajo consumo de este tipo de alimento (McCollum y Galyean 1985; Koster y col. 1996).

La suplementación con PNDR estimula la actividad microbiana del rumen, aumenta la velocidad de digestión de la fibra y la velocidad de vaciado ruminal que conducen a un incremento en el consumo de forraje (Egan 1980; Leng 1990; Wickersham y col. 2004) debido al aporte directo de aminoácidos absorbibles (PM) para el animal e indirectamente a través de la mejora en la disponibilidad de N para los microorganismos del rumen por medio del reciclado de N desde la sangre y la saliva hacia el rumen (Wickersham y col. 2004).

Con forrajes de baja calidad la suplementación con PNDR ejerce un efecto similar sobre el consumo y la digestión del forraje que la suplementación con PDR (Egan 1980; Leng 1990; Wickersham y col. 2004). Sin embargo, la suplementación con PNDR ha sido menos eficiente en estimular el consumo de forrajes de baja calidad que la suplementación con PDR, a un nivel similar de suplementación el consumo total de materia orgánica digestible fue un 15% menor con PNDR que con PDR (Bandyk y col. 2001; Wickersham y col. 2004).

Consideraciones adicionales.

Si bien la suplementación con PNDR puede brindar respuestas positivas tanto en animales alimentados con forrajes de alta como de baja calidad es importante puntualizar que:

- **Con forrajes de alta calidad** excesivos en PDR, es más eficiente y económico la suplementación con fuentes ricas en carbohidratos de fácil fermentación en rumen que utilicen el exceso de nitrógeno y lo transformen en PBM. Los suplementos ricos en PNDR suelen ser más costoso y además producen un desperdicio de PB del forraje debido a que no se utiliza el exceso de nitrógeno al no corregir la deficiencia de energía fermentecible en rumen.

- **Con forrajes de baja calidad** deficientes en proteína es más eficiente y económico suplementar con una fuente de PDR que aumenta directamente el aporte de PM por un aumento en los sustratos para la producción de PBM. Los suplementos ricos en PNDR son menos eficientes en corregir la deficiencia de nitrógeno para los microorganismos del rumen ya que actúan indirectamente a través del reciclado de nitrógeno desde de la sangre y la saliva.

La suplementación con PNDR es eficiente únicamente en animales de alta producción que consumen una dieta equilibrada que no llega a cubrir por sí sola los requerimientos de PM del animal.

3.3 Relación entre el aporte de Proteína Metabolizable y el consumo voluntario de forraje en rumiantes.

Recientes investigaciones han sugerido que tanto el consumo voluntario de forraje de alta como de baja calidad se encontraría fuertemente asociado al flujo de PM que llega al duodeno (Egan 1980; Leng 1990; Leng y col. 1993; Ellis y col. 2000).

Ellis y col. (2000) encontraron que en dietas a base de forraje el consumo total de materia orgánica digestible estaba linealmente relacionado al consumo total de PM, además sugirieron que el aumento en el flujo de PM al duodeno aumentaba la velocidad de vaciado en forrajes de alta calidad y el umbral de llenado ruminal en forrajes de baja calidad lo cual conduciría a un aumento en el consumo de alimentos.

El aumento en el flujo de PM al duodeno mejora la relación Proteína Metabolizable:Energía Metabolizable absorbida por el animal, lo cual crearía una señal metabólica (aumento en la utilización del ácido acético por los tejidos) que estimularía el consumo de alimentos (Leng 1990; Leng y col. 1993).

En más del 85% de los ensayos de alimentación en los que la suplementación con proteína aumentó la ganancia diaria de peso vivo también se incrementó el consumo de alimentos (Owens y Zinn 1988).

3.4 Fuentes de Proteína No Degradable en Rumen.

En general la mayoría de los forrajes, granos de cereales y harinas de semillas de oleaginosas (ej. soja, girasol, etc.) aportan cantidades relativamente pequeñas de PNDR. Algunos tratamientos (ej. calor, formaldehido, etc.) permiten aumentar la proporción de la proteína que no se degrada en rumen, sin embargo si el tratamiento es excesivo puede reducir la digestibilidad intestinal de la proteína y en consecuencia la disponibilidad de aminoácidos para el animal (Merchen y col. 1997). La presencia natural de ciertos compuestos (ej. taninos) en algunos forrajes (ej. lotus) reduce la degradabilidad ruminal de las proteínas e incrementa el aporte de aminoácidos para el animal (Broderick 1995).

Las harinas de origen animal (ej. harina de pescado, carne, sangre, etc.) y algunos otros alimentos (ej. gluten meal, harina de soja tratada con calor, caseína tratada con formaldehido, etc.) son fuentes ricas en PNDR (NRC 2000).

La harina de pescado es una buena fuente de PNDR para el ganado (Hussein y Jordan 1991), resultados de muchos experimentos arrojaron que la suplementación con harina de pescado en animales en crecimiento alimentados con ensilajes de pasturas como dieta base mejoraba la ganancia diaria de peso vivo sobre los animales control en 100 a 250 g/día (AFRC 1993).

Otra alternativa posible es suplementar directamente con AA específicos (ej metionina, lisina, etc.). En ganado de carne la suplementación con AA protegidos (AA que escapan a la degradación en el rumen) han dado resultados poco satisfactorios (Merchen y Titgemeyer 1992). En general brindan mejor respuesta a la suplementación cuando se suministra una combinación de AA en vez de uno o dos AA específicos (Poppi y McLennan 1995, Merchen y Titgemeyer 1992) siendo necesario además niveles relativamente altos de suplementación (ej. 5 a 10 g de cada AA por día cada 100 kg PV del animal; Poppi y McLennan 1995).

En Uruguay, así como en muchos otros países por el riesgo de la introducción de la Encefalopatía Espongiforme Bovina está prohibida la alimentación de rumiantes con productos y subproductos de origen animal.

Origen de la fuente proteica.
Los suplementos proteicos pueden ser de origen vegetal (ej. harina de semilla de algodón, expeller de girasol, etc.) o animal (ej. harina de pescado, de plumas hidrolizadas, etc.), en general las fuentes de PNRD de origen animal brindan mejor respuesta que las fuentes de origen vegetal.

Los suplementos proteicos de origen vegetal raramente superan el 50% de PB, por lo tanto aportan una considerable cantidad de energía en forma de carbohidratos. La suplementación con PNDR en base a suplementos cuya fuente de energía provenga principalmente a partir de carbohidratos (ej. harina de semillas de oleaginosas) puede no ocasionar respuesta favorable posiblemente debido al efecto de sustitución (depresión en el consumo de forraje) consecuencia de los efectos asociativos negativos entre los carbohidratos no estructurales del suplemento y los compuestos del forraje, lo cual ocurre generalmente cuando el consumo y la digestibilidad de la dieta base es alta (Poppi y McLennan 1995). La suplementación con PNDR en base a suplementos cuya fuente de energía principal sean las proteínas (ej. harinas de origen animal) es de esperar que ocasionen una menor sustitución y una mejor respuesta a la suplementación que los suplementos cuya fuente principal de energía provenga de los carbohidratos (Poppi y McLennan 1995).

El éxito de la suplementación con PNDR dependerá de la capacidad de lograr a través del suplemento un incremento efectivo en el aporte de PM para el animal.

Capítulo 4
Uso Eficiente del
Nitrógeno No Proteico

4.1 Generalidades.

Se denomina **Nitrógeno No Proteico** (NNP) a toda fuente de nitrógeno (N) de uso en la alimentación animal que no sea proteína verdadera, estrictamente hablando el NNP incluye entre otros compuestos a los péptidos y aminoácidos (AA) libres los cuales son abundantes naturalmente en ciertos forrajes como ensilados, pasturas tiernas, etc., pero comúnmente cuando se habla de NNP se refiere al agregado a la dieta de ciertos compuestos industriales que aportan nitrógeno como por ejemplo urea, amoníaco, bicarbonato de amonio, fosfato diamonio, etc. Existen numerosas revisiones sobre la alimentación de rumiantes con NNP (Chalupa 1968; Helmer y Bartley 1971; Fonnesbeck y col. 1975; Huber y Kung 1981; Kertz 2010).

Como las fuentes de NNP normalmente poseen elevado contenido en nitrógeno tornan muy económica la unidad del equivalente proteico (N*6.25) y como los microorganismos del rumen tienen la capacidad de emplear tanto la proteína verdadera como el NNP como fuente de nitrógeno para la síntesis de proteína microbiana es posible reducir el costo de las raciones reemplazando parte de la proteína verdadera por urea u otra fuente de NNP (Kertz 2010).

El NNP se degrada hasta amoniaco (NH3) en rumen y conjuntamente con el NH3, AA y péptidos proveniente de la degradación ruminal de la proteína verdadera de la dieta sirven como fuente de N para la síntesis de proteína microbiana en un proceso que requiere cierta cantidad de energía fermentecible en rumen por unidad de proteína microbiana sintetizada (Nocek y Russell 1988). En consecuencia el suministro de NNP en la ración solo es útil si existe un déficit de Proteína Degradable en Rumen (PDR) en la dieta, es decir un déficit de N para los microorganismos del rumen (Huber y Kung 1981; NRC 2000), la respuesta a la adición de NNP solo es positiva hasta el punto en el cual los requerimientos de N de los microorganismos del rumen son cubiertos, de ahí en mas el exceso de NH3 no es aprovechado y en algunos casos puede ser perjudicial para el animal (Van Soest 1994; Owens y Zinn 1988). El exceso de NH3 en rumen pasa a la sangre, es detoxificado en el hígado y posteriormente eliminado en la orina (Huntington y Archibeque 2000; Parker y col. 1995). Cuando los rumiantes ingieren elevadas cantidades de NNP en relación a la energía fermentecible se supera la capacidad de captación de N por parte de los microorganismos del rumen produciéndose un gran acumulo de NH3 que eleva el pH ruminal lo cual favorece una rápida absorción de NH3 hacia la sangre (Kertz 2010), cuando la capacidad de detoxificación hepática es superada se acumula NH3 en sangre (Visek 1984) que dependiendo de la concentración puede ir desde una intoxicación subclínica que induce cambios endocrinos y metabólicos (Fernández y col. 1988, 1990) que llevan a disminución en el consumo de alimentos y en la producción (Kertz 2010) hasta una intoxicación grave con muerte de animales (Emerick 1988).

Dada la gran capacidad de síntesis de proteína por los microorganismos del rumen a partir de NNP, el ganado bovino pudo lograr moderadas tasas de reproducción, crecimiento y producción de leche cuando en dietas experimentales purificadas la única fuente de nitrógeno fue el NNP (Oltjen 1969). Sin embargo es ampliamente aceptado que los animales alimentados con proteína verdadera en general presentan un mayor nivel de producción que los alimentados con NNP (Oltjen 1969; Helmer y Bartley 1971) debido a que las proteínas verdaderas al degradarse en rumen además de NH3 liberan AA, péptidos, azufre, esqueletos carbonados, etc. que tornan mas eficiente los procesos de fermentación y crecimiento microbiano (Bach y col. 2005; Van Soest 1994). No obstante, cuando el equivalente proteico aportado por el NNP constituye tan solo una pequeña porción de la Proteína Bruta (PB) total de la dieta es posible lograr niveles de producción similares a los obtenidos con la alimentación solo con proteína verdadera como fuente de nitrógeno (Clanton 1978; Cochran y col. 1998).

4.2 Urea.

La urea (262 a 287% PB) es un compuesto soluble en agua que se hidroliza muy rápidamente hasta NH3 y dióxido de carbono en el rumen por acción de ureasas microbianas y es la fuente de NNP mas empleada en la alimentación animal por su bajo costo y disponibilidad. En el mercado existen dos tipos de urea, la empleada como fertilizante (46% N) y la de calidad alimentaria (feed grade) (42% N). La urea fertilizante es higroscópica y forma grumos con mucha facilidad haciéndose difícil su mezclado con suplementos sólidos pero puede utilizarse en forma segura en suplementos líquidos. La urea de calidad alimentaria se elabora a partir de la urea fertilizante recubriéndola con caolín u otra sustancia no higroscópica con el objetivo de evitar la formación de grumos.

La urea es muy poco palatable, su disolución en melaza líquida previo al mezclado con los demás ingredientes secos podría mejorar la palatabilidad y el consumo de la ración, sin embargo la preparación de los suplementos en la manera convencional en la cual todos los ingredientes secos se mezclan primero y por último se adiciona melaza como saborizante sería menos efectiva (Huber 1972).

Fuentes de carbohidratos de la dieta.
La fuente de carbohidratos de la dieta afecta la utilización del NNP. La urea es mejor utilizada con dietas a base de carbohidratos de fácil fermentación (ej. granos de cereales) que a base de los carbohidratos estructurales (fibra) del forraje (NRC 2000) debido a que durante los procesos de fermentación ruminal la fibra de los forrajes se degrada en forma muy lenta aportando relativamente poca energía para la síntesis de proteína microbiana tornándose muy ineficiente la utilización del NH_3 por parte de los microorganismos del rumen (Cabrita y col. 2006; Van Soest 1994) lo

cual lleva a que gran parte del NH3 no utilizado se pierda por orina (Huntington y Archibeque 2000). Cuando la energía disponible en rumen es escasa gran parte de la misma es empleada por los microorganismos ruminales para el mantenimiento celular y resta muy poca energía para el crecimiento bacteriano y síntesis de proteína microbiana (Nocek y Russell 1988). Con dietas a base de forraje la utilización de la urea mejora si se la mezcla con carbohidratos de fácil fermentación.

Dentro de los carbohidratos de fácil fermentación, la urea es mejor aprovechada cuando se suministra junto con almidón (ej. granos de cereales) que con azúcares (ej. melaza) (Helmer y Bartley 1971), lo cual puede deberse a que los almidones típicamente se degradan y fermentan en un rango entre 10 a 20%/hora lo cual provee un aporte mas continuo y estable de energía para los microorganismos del rumen que los azúcares que fermentan muy rápidamente y en aproximadamente una hora entregan toda su energía fermentecible dándole muy poco tiempo a los microorganismos del rumen para que utilicen todo el NH3 aportado por el NNP (Firkins 2011). Además el aumento en la proporción de azúcares en la dieta se ha relacionado con una disminución en la concentración ruminal de ácidos grasos de cadenas ramificadas los cuales son necesarios para la síntesis de aminoácidos por la mayoría de las bacterias celulolíticas, esta disminución en los ácidos grasos de cadena ramificada disminuiría el crecimiento y la producción de proteína microbiana (Hall y Huntington 2008). Por otro lado, la mayor velocidad de fermentación de los azúcares produce un más rápido y brusco descenso del pH ruminal que los almidones, cuando el pH del rumen desciende por debajo de 6 a 6.2 se produce una reducción del crecimiento y actividad de las bacterias celulolíticas, cuanto mayor es el descenso del pH mayor es el impacto negativo sobre la degradación de la fibra del forraje (Galyean y Goesch 1993; Hoover 1986). En general los animales alimentados con dietas altas en melaza presentan menor ganancia de peso vivo que los alimentados con dietas altas en almidón (Tomkins y col. 2004).

Relación nitrógeno:azufre.
Cuando se suplementa con urea se debe tener presente que esta es deficiente en todos los minerales y por lo tanto es deficiente en azufre el cual es necesario para la síntesis de AA azufrados por parte de los microorganismos del rumen (Van Soest 1994), la suplementación con NNP es ineficaz si la dieta presenta un déficit de azufre para los microorganismos del rumen (Minson 1990; McDowell 1992; Underwood y Suttle 1999). Los suplementos que incluyen NNP en su composición requieren una relación nitrógeno:azufre de 10-12:1 (Van Soest 1994; Fonnesbeck y col. 1975).

Efectos del exceso de urea en la dieta.
Las dietas con elevados niveles de urea inducirían a cambios endócrinos y metabólicos (Fernández y col. 1988, 1990) que llevarían a una disminución en el consumo de alimentos (figura 4.1), en la ganancia de peso vivo (figura 4.2) (Cochran y col. 1998), en la producción de leche y en la performance reproductiva (Kertz 2010).

Figura 4.1: Relación entre el nivel de urea en la dieta y el consumo total de materia seca en bovinos (adaptado de Wilson y col. 1975).

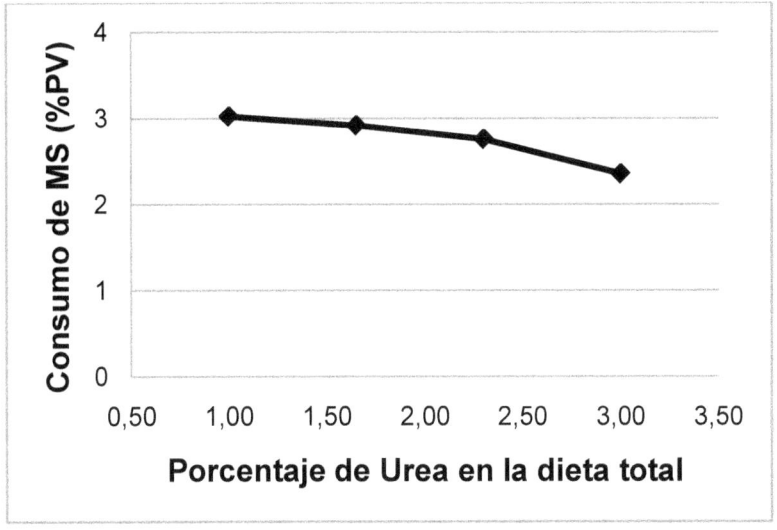

La detoxificación del amoníaco requiere del catabolismo de AA en el hígado (Parker y col. 1995), el aumento del metabolismo oxidativo hepático debido al catabolismo de sustratos (ej. AA, propionato, ácidos grasos, etc.) crearía señales al cerebro que conducirían a una disminución en el consumo (Allen y col. 2009). Además se ha postulado que el catabolismo de AA llevaría a una baja relación Proteína Metabolizable:Energía Metabolizable disponible para el animal lo cual crearía una señal metabólica que reduciría el consumo de alimentos (Leng 1990; Leng y col. 1993).

El bajo consumo de alimentos conjuntamente con los cambios endocrinos y metabólicos asociados con el excesos de amoníaco (disminución de la utilización de glucosa por reducción en los niveles de insulina, mayor catabolismos de aminoácidos, ácidos grasos, etc.) serían los responsables de la baja performance animal (Fernández y col. 1988, 1990).

Figura 4.2: Relación entre el nivel de urea en el suplemento proteico (40% PB) y la ganancia diaria de peso vivo en bovinos en crecimiento-engorde, promedio de cuatro experimentos (adaptado de Clanton 1978).

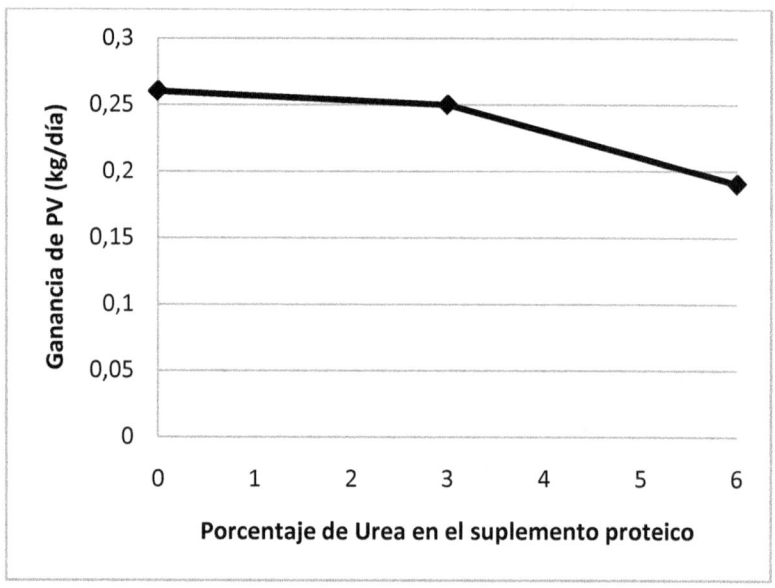

Si bien se ha postulado ampliamente que un exceso de proteína dietética estaría relacionada con una disminución en la performance reproductiva, los resultados de los ensayos han sido variables y prácticamente solo se han podido reproducir en vacas lecheras en lactación (Butler 1998; Lean y col. 2012; Kaur y Arora 1995). Si bien los niveles detrimentales exactos de amoníaco o urea que inhiben la reproducción aún no han sido definidos Ferguson y col. (1993) sugirieron que cuando la concentración de nitrógeno ureico en suero es mayor a 20 mg/dl la fertilidad estaría disminuida.

En ganado de carne alimentado con forrajes de baja calidad deficientes en proteína se ha demostrado que cuando los suplementos proteicos secos poseen mas de 3% de urea (Clanton 1978) o en los cuales el equivalente proteico aportado por la urea supera el 30 a 45% de la PDR del suplemento (Cochran y col. 1998) o un tercio de la PB total del suplemento (Clanton 1978) presentan problemas de baja performance animal medida a través de la ganancia de peso vivo y de la evolución de la condición corporal. Los suplementos líquidos en base a urea y melaza son menos efectivos que los suplementos proteicos secos, especialmente cuando poseen menos de 2.8% de nitrógeno en su composición (Bowman y col. 1995).

Periodo de adaptación.
En general la respuesta a la suplementación con NNP mejora a medida que trascurre el tiempo (Helmer y Bartley 1971; Fonnesbeck y col. 1975). Los rumiantes requieren de un periodo de adaptación gradual de 2 a 6 semanas para una eficiente utilización de la urea y para evitar posibles intoxicaciones (Huber y Kung 1981), la adaptación a altas concentraciones de urea en la dieta se debería a cambios metabólicos y en la actividad microbiana, las bacterias ruminales de animales adaptados presentarían menor actividad ureasa en el rumen que las de animales no adaptados (Visek 1984). Sin embargo hay que tener en cuenta que la adaptación a la urea se pierde rápidamente tras suspender la administración de la misma por 3 a 7 días (Emerick 1988).

Intoxicación por urea.

La intoxicación ocurre generalmente por el consumo accidental de elevadas cantidades de urea, la dosis toxica es variable y depende de las características de la dieta y de la susceptibilidad del animal. Se han producido casos de intoxicación en bovinos con dosis de 0.27 a 0.50 g de urea/kg de peso vivo (Emerick 1988). Los animales alimentados con dietas altas en carbohidratos de fácil fermentación y los acostumbrados al consumo de urea presentan mayor tolerancia a altos niveles de la misma en la dieta (Visek 1984; Emerick 1988). Las dietas altas en carbohidratos de fácil fermentación tienden a reducir el pH ruminal y en consecuencia disminuye la absorción de NH_3 desde el rumen hacia la sangre, el bajo pH ruminal promueve la conversión de NH_3 a ion amonio (NH_4) el cual atraviesa con dificultad la pared del rumen (Fonnesbeck y col. 1975; Owens y Zinn 1988).

Los síntomas de intoxicación por urea se caracterizan por salivación excesiva, dificultad respiratoria, sintomatología nerviosa (ataxia, mioclonias, tetania), postración y muerte (Emerick 1988).

Para evitar posibles intoxicaciones se recomienda no suministrar altas cantidades de urea en animales no acostumbrados o hambrientos, que la urea siempre vaya acompañada por una fuente de carbohidratos de fácil fermentación y que el suplemento se encuentre bien mezclado para evitar que existan partes del mismo con cantidades potencialmente tóxicas.

4.3 Compuestos de liberación lenta de nitrógeno.

Los compuestos de urea protegida, también llamados compuesto de urea de liberación lenta fueron creados con el fin de lograr una mejor sincronización entre la liberación de NH3 por parte de la urea y la tasa de fermentación de los carbohidratos lo cual teóricamente mejoraría la captación de nitrógeno por parte de los microorganismos del rumen aumentando la producción de proteína microbiana y en consecuencia el aporte de AA para el animal, esto se traduciría en un mayor nivel de producción en comparación con animales alimentados con urea como fuente de NNP.

En el pasado se han desarrollado numeroso compuestos de liberación lenta de nitrógeno como por ejemplo: Biuret, Starea (urea con almidón gelatinizado), Dehy-100 (pellet de harina de alfalfa y urea), Amirea (urea extruída con almidón), urea tratada con formaldheído, etc. Más recientemente se han lanzada al mercado productos de urea recubierta con polímeros o aceites vegetales como por ejemplo Optigen de CPG Nutrients Inc. (Syracuse, NY) y Optigen de Alltech Inc. (Lexington, KY) productos de urea recubierta con polímeros y con aceites vegetales respectivamente, Nitroshure (Balchem Encapsulates, New Hampton, NY) urea microencapsulada en grasas, RumaPro (XF Enerprises, Hereford, TX) líquido compuesto por urea ligada a cloruro de calcio.

Sin embargo los diferentes productos de liberación lenta de nitrógeno en general no han logrado mejorar ni la utilización del nitrógeno por los microorganismos del rumen ni la performance animal probablemente debido a que el reciclado de nitrógeno hacia el rumen compensaría fácilmente la rápida liberación de amoníaco por parte de la urea siempre y cuando las concentraciones de NH3 no sean tóxicos (Krehbiel y col. 2008; Cabrita y col. 2006).

Biuret.

El biuret puro es un compuesto industrial formado por la unión de dos moléculas de urea pero en la alimentación animal generalmente se emplea el biuret de calidad alimentaria (feed grade biuret) que debido a su proceso de fabricación está formado en su mayor parte por biuret puro (mínimo 55%) con cantidades variables de urea (máximo 15%), triuret y ácido cianhídrico (máximo 30%) que quedan como residuos del proceso de elaboración (Fonnesbeck y col. 1975). El biuret de calidad alimentaria (250% PB) es de baja solubilidad en agua y se hidroliza lentamente en rumen retardando así la producción de NH3 lo cual lo convierte en un compuesto poco tóxico para los rumiantes y en consecuencia puede ser empleado en mayores niveles que la urea en la dieta, la toxicidad del biuret de calidad alimentaria parece ser proporcional a la cantidad de urea incluida en el mismo (Fonnesbeck y col. 1975). La suplementación con biuret en general ha producido respuestas similares que la suplementación con urea (Fonnesbeck y col. 1975; Huber y Kung 1981; Loest y col. 2001). La respuesta a la suplementación mejora a medida que transcurre el tiempo, pero generalmente se requiere un periodo de adaptación mayor al de la urea y la adaptación se pierde rápidamente tras suspender su administración por 3 a 5 días (Helmer y Bartley 1971; Huber y Kung 1981).

Productos de urea recubierta.

Diversos autores han evaluado la utilización de urea protegida en comparación con urea convencional con respecto a la velocidad de degradación, producción de NH3, consumo de materia seca, ganancia de peso vivo, producción de leche, etc. en diferentes categorías y estados fisiológicos de rumiantes.

Akay y col. (2004) compararon urea, harina de soja y Optigen (Alltech) encontrando que la tasa de degradación del Optigen fue similar a la de harina de soja y ambas fueron muy inferiores a la de urea que desapareció prácticamente en su totalidad en la primera hora de incubación in situ. Por otro lado Marichal y col. (2009) encontraron una menor tasa de degradación in vitro del Optigen (Alltech) en comparación con la urea pero ambas fueron mayores a la de harina de soja y de girasol, a diferencia de lo esperado el Optigen se degradó en un 95% en la primera hora de incubación in situ especulando que la manipulación y almacenamiento de las ureas protegidas podrían alterar las propiedades físicas de la cubierta concordando con el trabajo de De Paula y col. (2009) quienes obtuvieron una mayor concentración de amoníaco ruminal en los animales alimentados con Optigen (Alltech) comparado con los alimentados con urea.

Huntington y col. (2006) trabajando con novillos y tres tipos de dietas (1: alta en granos, 2 y 3: solo a base de forraje) compararon el uso de RumaPro con urea observando una reducción en la concentración plasmática de amoníaco en los animales alimentados en base a forraje, no encontrando diferencia significativa en las concentraciones de N-ureico plasmático en ninguno de los tres experimentos.

Tedeschi y col. (2002) compararon la performance de novillos durante las etapas de crecimiento y engorde en dos ensayos diferentes, en las dos etapas del primer ensayo y en la etapa de crecimiento del segundo ensayo no encontraron diferencia significativa ni en la ganancia de peso vivo ni en el consumo de materia seca cuando se comparó Optigen (CPG Nutrients) con urea, en la etapa de engorde del segundo ensayo las dietas que contenían urea presentaron una ganancia de peso vivo mayor al de Optigen, no encontrándose diferencia en el consumo de materia seca. Los autores concluyeron que la falta de respuesta en la performance animal cuando la urea es reemplazada por urea de liberación lenta se debería al reciclado de nitrógeno ruminal que mantendría estable los niveles de nitrógeno para los microorganismos del rumen. Además cuando los microorganismos del rumen están adaptados, la falta de efecto observada con la urea de liberación lenta se debe a que dichos productos son degradados tan rápidamente como la urea. Similares resultados fueron obtenidos por Wahrmund y col. (2007) cuando compararon en vacas el uso de Optigen (Alltech) con urea no encontrando diferencias significativas en el consumo de materia seca ni en la evolución del peso vivo y la condición corporal.

Highstreet y col. (2010) trabajando con vacas lecheras compararon el empleo de Nitroshure con urea convencional en dos etapas de la lactación (lactación temprana y lactación media), éstos autores no encontraron diferencia significativa en el consumo de materia seca en ninguna de las dos etapas, además si bien en la lactación temprana encontraron una mayor producción de grasa y proteína en la leche en el grupo tratado con Nitroshure no encontraron diferencias ni en la producción de leche ni en su composición en la segunda etapa de la lactación lo cual probablemente se deba a la adaptación de los microorganismos del rumen a los productos de lenta liberación.

Taylor-Edwards y col. (2009a) compararon en dos experimentos con novillos en crecimiento el empleo de un producto de urea de liberación lenta recubierta con un polímero (Agri-Nutrients Technology Group, Petersburg, VA) con urea común no encontrando en ninguno de ellos diferencia significativa en el consumo de materia seca ni en la ganancia de peso vivo. En un segundo trabajo Taylor-Edwards y col. (2009b) compararon el consumo del mismo producto de urea de liberación lenta con el de urea, el consumo y la digestibilidad de la materia seca y de la fibra no se afectaron por la dieta, pero debido a la mayor excreción de nitrógeno fecal con la urea de liberación lenta la retención de nitrógeno tendió a ser mayor para la urea.

Azevedo y col. (2008, 2010) compararon animales alimentados con dos fuentes diferentes de urea de lenta liberación y urea común no encontrando diferencia significativa en el pH y NH3 ruminal, en la digestibilidad de la materia orgánica y de la fibra ni el consumo de materia seca. Los autores sugieren que las fuentes de urea encapsulada no demostraron superioridad sobre la urea común probablemente por la baja eficiencia de su protección.

De acuerdo con estos resultados y otros de la literatura el uso de urea protegida no ha evidenciado mejoras con respecto al empleo de urea común en la producción de leche ni en la ganancia de peso vivo. La única posible ventaja de los productos de urea de liberación lenta sería el menor riesgo de intoxicación por amoníaco principalmente en animales no adaptados al consumo de urea.

Por otro lado diversos trabajos (Galo y col. 2003; Kononoff y col. 2006; Golombeski y col. 2006; Inostroza y col. 2010; Souza y col. 2010; Wahrmund y col. 2011) han comparado dietas en las cuales parte de la proteína verdadera fue sustituida por urea de liberación lenta sin presentar ventajas sobre la alimentación con proteína verdadera. En general en este tipo de trabajos se concluye que es posible sustituir parte de la proteína verdadera por urea protegida, sin embargo al no emplear un grupo testigo alimentado con urea es cuestionable económicamente este tipo de conclusión pues se ha demostrado ampliamente que también es posible sustituir parte de la proteína verdadera por urea sin detrimentos en la producción (Clanton 1978; Cochran y col. 1998; DelCurto y col. 2000; Koster y col. 1997, 2002; Farmer y col. 2004; Chizzotti y col. 2007; Kertz 2010) la clave sería demostrar la superioridad productiva y económica de los productos de urea de liberación lenta sobre la alimentación con urea común la cual es más económica.

4.4 Sincronía entre la disponibilidad de nitrógeno y la energía fermentecible en rumen.

Los microorganismos del rumen para crecer y multiplicarse requieren en forma simultánea de fuentes de energía (carbohidratos) y de nitrógeno (proteína verdadera, NNP), este hecho llevó a hipotetizar que si la velocidad de liberación de nitrógeno igualara a la velocidad de fermentación de los carbohidratos ocurriría un óptimo crecimiento y producción de proteína microbiana lo cual llevó al desarrollo del concepto de la **sincronía entre nutrientes**. La sincronía entre nutrientes se podría definir como el aporte de fuentes dietéticas de proteína y energía de manera que éstas se encuentren disponibles en forma simultánea y en las proporciones adecuadas para los microorganismos del rumen.

Tradicionalmente se ha postulado que la sincronía entre el aporte de nitrógeno y energía para los microorganismos del rumen mejoraría la captura del nitrógeno y aumentaría el crecimiento y producción de proteína microbiana lo cual se traduciría en un aumento en el aporte de nutrientes para el rumiante y en consecuencia en una mejora en la performance animal, sin embargo según las últimas revisiones sobre el tema (Cabrita y col. 2006; Hall y Huntington 2008; Reynolds y Kristensen 2008; Hersom 2008; Cole y Todd 2008) generalmente la sincronía entre nutrientes no ha resultado en mejoras en la performance animal ni en la eficiencia de utilización de los nutrientes tanto en animales a pastoreo como en engorde a corral probablemente debido a que durante los períodos de asincrónica entre el aporte de nitrógeno y energía los rumiantes tiene la capacidad de reciclar nitrógeno desde la sangre y la saliva hacia el tracto gastrointestinal, entonces el reciclado de nitrógeno amortiguaría los posibles efectos negativos de dicha asincrónica.

El uso de nitrógeno para la síntesis de proteína microbiana es energía-dependiente (Nocek y Russell 1988). El patrón de aporte de carbohidratos fermentecibles tiene un mayor impacto sobre la producción y eficiencia microbiana que el patrón de aporte de nitrógeno (Hall y Huntington 2008). Varios estudios han demostrado que el aporte de energía o más precisamente de carbohidratos fermentecibles tiene un mayor impacto que la sincronización entre energía y proteína de la dieta (Nocek y Russell 1988; Cabrita y col. 2006; Hall y Huntington 2008) debido a que el reciclado de nitrógeno provee de una fuente de amoníaco para la síntesis de proteína microbiana cuando el aporte de proteína de la dieta es infrecuente o inadecuado (Hall y Huntington 2008).

La suplementación infrecuente con proteína causa pocos efectos deletéreos sobre la utilización y excreción de nitrógeno en comparación con la suplementación diaria. La falta de un efecto negativo de la suplementación proteica infrecuente sobre la utilización del nitrógeno ha sido atribuida al reciclado de urea al rumen lo cual provee de nitrógeno para la síntesis de proteína microbiana en los días en que la proteína no es suplementada (Reynolds y Kristensen 2008).

Como las bacterias son limitantes en su capacidad para almacenar carbohidratos y no existen mecanismos para que el animal recicle energía hacia el rumen un consistente aporte de energía es la estrategia más beneficiosa (Cabrita y col. 2006; Hersom 2008).

Capítulo 5
Tipos de Suplementos Proteicos

5.1 Suplementos de presentación seca.

Los suplementos de presentación seca son los más frecuentemente utilizados e incluyen a las harinas, pellets, cubos, tortas, etc. confeccionados a partir de diferentes materias primas.

Semillas y harinas de oleaginosas.

Las harinas y expeller de soja, girasol, colza, maní, algodón, etc. son los residuos resultantes de la extracción del aceite de dichas semillas, estos alimentos se caracterizan por poseer elevados niveles de proteína (20 a 50% PB), bajos niveles de calcio y buen aporte energético.

Los expeller son el resultado de la extracción mecánica del aceite por medio del prensado de las semillas mientras que las harinas se obtienen luego de la extracción del aceite por medio de solventes orgánicos. En comparación con las harinas, en general los expeller son más ricos en fibras y aceites, tienen una menor proporción de proteína siendo ésta de menor degradabilidad ruminal.

El **poroto de soja** se caracteriza por tener un elevado contenido de proteína (40% PB) de alto valor biológico y un alto contenido en lípidos (16 a 22% de EE). Debido a su alto contenido en lípidos y a la presencia de factores enzimáticos y sustancias tóxicas (ureasa, factores inhibidores de la tripsina, sustancias goitrogénicas, etc.) en general se recomienda que el poroto de soja crudo no supere el 10 al 15% de la dieta para no causar efectos deletéreos en el consumo, digestión y síntesis de proteína microbiana. Al ser las sustancias inhibidoras termolábiles, el tratamiento del poroto de soja con calor (tostado) destruye los efectos negativos de las mismas. Es importante destacar que cuando se suministra poroto de soja crudo junto con urea debido a la presencia de ureasas podría producirse una violenta liberación de amoníaco por la rápida degradación de la urea.

La **harina de soja** está considerada como una de las mejores fuentes de proteína que se dispone para la alimentación animal. Se caracteriza por poseer un alto contenido de proteína (44% PB) de alta degradabilidad ruminal, también posee factores inhibidores que se inactivan con el tostado. Si bien posee bajos niveles de fibra ésta es altamente degradable en rumen.

La **semilla de girasol** es una oleaginosa de alto contenido en lípidos (35 – 45% EE) y elevado contenido en fibra de baja digestibilidad por lo cual no es muy recomendable para animales jóvenes o de alta producción.

El **expeller de girasol** posee menos proteína (35% PB), más fibra y menos energía que la harina de soja. Debido a su contenido en fibra muy lignificada de baja digestibilidad no se recomienda su uso en terneros y corderos jóvenes.

La **harina de colza o canola** posee un alto contenido de proteína (40% PB) de alta degradabilidad y un menor contenido energético que la harina de soja debido a que posee un mayor nivel de fibra.

La **harina de maní** contiene menos energía y más proteína (52%PB) que la harina de soja. Dentro de los suplementos proteicos es uno de los más palatables y que realiza uno de los mayores aportes de proteína degradable en rumen, pero tiene como inconveniente su alta propensión a la contaminación con hongos productores de aflatoxinas. Su uso se encuentra restringido debido a su alto costo.

La **semilla de algodón** tiene un contenido proteico medio (24% PB), un alto contenido en lípidos (18% EE), un alto contenido en fibra de alta degradabillidad y tanto la semilla entera como la **harina de algodón** (46% PB) poseen cantidades variables de gosipol que es una sustancia tóxica especialmente para animales jóvenes. Además por ser una semilla muy higroscópica es fácilmente susceptible a la contaminación con hongos productores de micotoxinas.

Gluten de maíz.
El gluten es un subproducto de la extracción de almidón y azúcares a partir del maíz comercializándose como corn gluten feed y corn gluten meal. El **corn gluten feed** se caracteriza por poseer niveles medios de proteína (24% PB) de alta degradabilidad en rumen mientras que el **corn gluten meal** posee altos niveles de proteína

(46% PB) de baja degradabilidad ruminal. Ambos productos poseen fibra altamente degradable en rumen.

Harinas de origen animal.

Las harinas de origen animal son concentrados proteicos que se obtienen como subproductos de la industria cárnica (harina de carne, de sangre, etc.), pesquera (harina de pescado) y avícola (harina de plumas).

Las **harinas de carne y hueso** poseen alto contenido proteico (55 a 60% PB) dependiendo de la proporción de huesos que contenga, es de alta digestibilidad y es una excelente fuente de proteína no degradable en rumen. El contenido de lípidos es variable de acuerdo al prensado al que haya sido sometida la harina, rondando el 12% de EE. En la mayoría de los países está prohibido la alimentación de rumiantes con productos y subproductos de origen animal por el riesgo de introducir la Encefalopatía Espongiforme Bovina.

Las **harinas de pescado** poseen muy alto contenido proteico, entre 50 a 60% PB según la especie o los desechos que la integren, además posee un buen aporte de calcio y fósforo, alto contenido energético y son una excelente fuente de proteína no degradable en rumen. La harina de pescado aporta la totalidad de su energía en forma de proteínas y lípidos, éstos últimos son en su mayoría insaturados por lo cual dificultan su conservación.

La **harina de plumas hidrolizada** es un producto obtenido por hidrólisis, desecación y molienda de las plumas de gallinas. El contenido de proteína es alto (85% PB) y es una fuente rica en proteína no degradable en rumen. La harina de plumas sin hidrolizar es de muy baja calidad ya que más del 80% es indigestible para el rumiante.

Nitrógeno No Proteico.

La **urea** es la fuente de NNP más comúnmente empleada en la alimentación de rumiantes, es un compuesto que aporta gran cantidad de nitrógeno (262 a 287% PB) que se degrada muy rápidamente en rumen hasta amoníaco y sirve exclusivamente como fuente de nitrógeno para los microorganismos del rumen. Para mejorar su utilización suele complementársela con una fuente rica en energía fermentecible (ej. granos, melaza, etc.). La urea en exceso es muy tóxica para los rumiantes.

Sales Proteinadas.

Las sales proteinadas son suplementos mineralo-proteicos compuestos usualmente por una fuente de NNP (cj. urea), una fuente de proteína verdadera (ej. harina de soja, expeller de girasol, etc.), una fuente de carbohidratos de fácil fermentación (ej. maíz, sorgo, etc.) para mejorar la utilización de la urea, un regulador del consumo (15 a 30% de cloruro de sodio) y una mezcla mineral. Este tipo de suplemento permite consumos de 0.1 a 0.2% del peso vivo.

5.2 Suplementos líquidos.

Los alimentos líquidos son aquellos en los cuales los ingredientes se encuentran en suspensión, tienen la desventaja que solo se les puede adicionar una limitada cantidad de ingredientes secos y que muchas veces es difícil mantenerlos en suspensión. Típicamente los suplementos líquidos se suministran en forma de autoconsumo en lamederos con rodillos o bateas con rejillas flotantes que regulan y evitan el consumo excesivo. El suplemento líquido más frecuentemente empleado en rumiantes a pastoreo es la melaza fortificada con urea.

Melaza fortificada con proteína.
La melaza es un líquido viscoso que se obtiene como subproducto de la producción de azúcar, principalmente a partir de la caña de azúcar y de la remolacha azucarera. La melaza es un concentrado energético con elevado contenido en azúcar, muy palatable, con muy baja nivel de proteína. Un ejemplo típico de melaza fortificada es la mezcla de 9 partes de melaza por cada parte de urea constituyendo un suplemento del alrededor de 30% de PB en base húmeda. Generalmente en suplementos a base de urea y melaza con hasta 30% PB a partir de NNP, el aporte de azufre que realiza la melaza es adecuado para los microorganismos del rumen. Las proteínas verdaderas son una fuente de nitrógeno más eficiente que la urea, la adición de hasta 15 a 20% de ingredientes secos (ej. harina de algodón, de soja, etc.) a la mezcla melaza–urea no causaría problemas de mezclado ni de flujo y mejora el valor nutritivo del suplemento. Debe tenerse presente que un consumo

excesivo de melaza puede ocasionar trastornos digestivos graves incluso muerte de animales debido a una acidosis ruminal, especialmente en animales no acostumbrados.

5.3 Bloques proteicos.

Los bloques son suplementos de autoconsumo que tienen forma, peso, dimensión y compactación variable. Debido a la dureza del bloque el animal al lamerlo ingiere lentamente cantidades pequeñas del mismo y de esta manera regula su consumo.

Los **bloques proteicos** aportan fundamentalmente proteína degradable en rumen principalmente en base a NNP y otras fuentes proteicas de origen vegetal, típicamente poseen de 25 a 40% de PB. Los **bloques multinutricionales** son bloques mineralo-proteicos formados por la combinación de un suplemento proteico con una sal mineral.

5.4 Pasturas y forrajes ricos en proteína.

Pasturas cultivadas de alta calidad.
Las pasturas cultivadas de alta calidad con elevado contenido en proteína como por ejemplo avena, raigrás, trébol blanco, trigo forrajero, etc. pueden ser empleadas para suplementar pasturas de baja calidad deficientes en proteína mediante el pastoreo por horas (1 a 4 horas/día) preferentemente por la tarde (mayor contenido de nutrientes en el forraje) presupuestando un consumo de pastura por bovino de 1 a 1.2 kg MS/hora independientemente de la

categoría animal (ternero, vaca, novillo) (Reinoso y Soto 2006c). A modo de guía 1 kg MS de una pastura de buena calidad con 18 a 20% de PB equivaldría a aproximadamente 0.6 a 0.7 kg de un concentrado proteico con 30% de PB en base húmeda.

Reinoso y Soto (2006a,b,c) han discutido con detalle como implementar el pastoreo por horas y como determinar la superficie de pastoreo necesaria por animal teniendo en cuenta entre otros factores, la disponibilidad y el crecimiento de la pastura, la asignación diaria de forraje, el tamaño de la parcela, el peso vivo de los animales, etc., además desarrollaron el software SACPC para automatizar los cálculos, el mismo se distribuye en forma gratuita a través del correo electrónico de los autores (*srvet@adinet.com.uy*).

Otra alternativa de suplementación con pasturas de alta calidad ricas en proteína es mediante el denominado pastoreo cero o pastoreo mecánico que consiste en cortar mecánicamente el forraje fresco y suministrarlo directamente a los animales en bateas o en comederos, normalmente se corta la cantidad de forraje suficiente para un día de suplementación.

Forrajes conservados.

Los forrajes conservados (henos, ensilajes y henolajes) pueden ser de muy diversa calidad dependiendo del material que les dio origen (ej. praderas cultivadas, alfalfa, verdeos, etc.) y del estado fisiológico del forraje al momento del corte (ej. prefloración, floración temprana, madurez, etc.), en general a mayor madurez del forraje al momento del corte menor calidad. Los forrajes conservados son alimentos ricos en fibra, con cantidades variables de proteína y con niveles de bajos a moderados de energía.

La **alfalfa** es uno de los mejores forrajes empleados en la alimentación animal debido a su alta digestibilidad, alto contenido en proteína y alto potencial de consumo, es una de las especies forrajeras más utilizadas en la elaboración de heno. El momento óptimo de corte de la alfalfa para la confección de henos de buena calidad es cuando el cultivo se encuentra en floración temprana (10% de flores abiertas) dado que a medida que avanza la madurez disminuye la proporción de hojas y aumenta la proporción de tallos, lo cual reduce la digestibilidad y el contenido proteico del material. En general un "buen" **heno de alfalfa** posee una elevada proporción de hojas, un color verde brillante y un contenido de 15 a 20% de PB la cual es altamente degradable en rumen. El color amarillo en el heno de alfalfa indica un exceso de exposición al sol durante el secado, mientras que capas blanquecinas intercaladas con heno verde indican desarrollo de hongos por haberlo enfardado con exceso de rocío sobre la andana. La confección de henos con excesiva humedad resulta en calentamiento de los fardos lo cual daña la proteína (parte de la misma se torna no disponible para el animal) y le confiere un color marrón oscuro a negro.

5.6 Tratamiento con álcalis.

Los residuos de cosecha como las pajas de cereales (ej. trigo, avena, cebada, arroz) y los rastrojos de sorgo y maíz son forrajes de muy baja calidad con alto contenido en fibra y deficientes en proteína (3 a 5% de PB), necesariamente deben ser sometidos a algún tratamiento o ser complementados con suplementos proteicos para elevar su valor nutritivo. Existen diferentes procedimientos (mecánicos, químicos, biológicos) para incrementar la calidad de los forrajes conservados, los cuales han sido revisados por Fahey y col. (1993).

El tratamiento de las pajas con álcalis es uno de los procedimientos más utilizados para aumentar la digestibilidad y el consumo de las mismas ejerciendo su efecto a través de la ruptura de la estructura de la fibra del forraje. Generalmente se realiza con hidróxido de sodio (50 kg de NaOH/tonelada de paja) o amoníaco (20 a 30 kg de NH3/tonelada de paja). También se ha empleado urea (40 a 50 kg/tonelada de paja) como fuente de amoníaco por ser más económica y más fácil de manejar pero los resultados han sido variables. A diferencia con el hidróxido de sodio, las pajas tratadas con amoníaco o urea además mejoran el contenido proteico del alimento. El proceso de alcalinización y el tiempo necesario para que el álcali surja su efecto varían según el producto utilizado.

Capítulo 6
Aspectos Prácticos de la
Suplementación

El éxito de un programa de suplementación no solo depende de la
correcta elección del suplemento y de la adecuada disponibilidad
de forraje si no que también depende de diversos factores externos
que pueden llevar a que los animales no ingieran la cantidad
asignada de suplemento o cambien de tal forma su conducta de
pastoreo que repercuta en una pobre respuesta a la suplementación.

6.1 Características de los comederos.

Los suplementos pueden se suministrados directamente sobre el
suelo o en comederos. Los comederos o bateas pueden ser
fabricados con diferentes diseños y muy diversos materiales (ej.
cemento, madera, chapa, lona, bolsas, etc.). Los comederos para
autoconsumo generalmente son tipo tolva donde el alimento va
descendiendo por gravedad y queda disponible en forma
permanente en el comedero.

Una superficie de comedero por animal muy pequeña o muy
amplia aumenta la competencia y la variación individual en el
consumo de suplemento (Bowman y Sowell 1997). Los comederos
deben proporcionar suficiente espacio para permitir el acceso

simultáneo de todo el rodeo, de esta manera se reduce la competencia y se aumenta la posibilidad que los animales mas tímidos obtengan su porción de suplemento. Como regla general se recomienda un espacio lineal en el comedero de 50 a 75 cm por bovino adulto y de 30 a 45 cm por ternero, si el comedero tiene acceso por ambos lados las necesidades de espacio por animal se reducen a la mitad. Es deseable que el comedero se encuentre a unos 50 cm o más por encima del nivel del suelo para evitar que los animales pisoteen y ensucien el suplemento (Latimori y Kloster 1997).

La administración del suplemento directamente sobre el suelo es un método práctico y eficaz para alimentar grandes grupos de animales. Debe realizarse sobre un terreno firme, seco y bien drenado, respetándose siempre el espacio lineal necesario por animal. Para evitar el pisoteo excesivo el suplemento puede ser suministrado debajo de un hilo eléctrico, sin embargo cuando el nivel de suplementación no es muy elevado y existe una alta avidez por el suplemento generalmente el pisoteo y el desperdicio son mínimos haciéndose innecesario el empleo del hilo eléctrico. Otra alternativa para reducir el pisoteo y la competencia es suministrar el suplemento directamente en el suelo contra o a través de un alambrado permanente, en este último caso se retiran algunos hilos del alambrado para permitir que los animales introduzcan la cabeza y accedan al suplemento.

6.2 Ubicación de los comederos.

Como se mencionó anteriormente, la zona donde se realizará la suplementación debe ser de piso firme, seco y bien drenado, además la zona debe ser de buena visibilidad y de fácil acceso para los animales, evitando la presencia de objetos que puedan causar fobia al ganado (ej. lonas o bolsas sueltas, vehículos, galpones, etc.) especialmente cuando los animales son de temperamento nervioso. La fobia lleva a que los animales inicialmente no consuman o consuman una baja cantidad de suplemento hasta que se familiaricen con los objetos que les causan miedo o desconfianza, este periodo de adaptación puede tardar hasta varias semanas (Bowman y Sowell 1997).

La ubicación de las aguadas, sombra y comederos afecta la distribución del ganado en el campo, el ganado pasa más tiempo y pastorea más en las áreas del potrero próximas al lugar de suplementación (Bailey 2004). La ubicación del suplemento puede ser empleada para promover el pastoreo en áreas donde el ganado normalmente no pastorea. Por ejemplo, cambiando el lugar de los comederos de autoconsumo se puede promover un pastoreo mas uniforme del potrero, la utilización del forraje es mayor hasta una distancia de 600 m del suplemento, el nuevo lugar de suplementación debe estar al menos a 300 m del lugar anterior para evitar un sobrepastoreo en las áreas próximas (Bailey 2004).

6.3 Formación de grupos de animales.

La interacción social juega un rol importante en el consumo de suplemento (Sowell y col. 2000). Los animales dominantes consumen una mayor cantidad de suplemento y llevan a que el resto de los animales consuman una cantidad menor a la asignada como objetivo (Bowman y Sowell 1997). En lo posible se deberían formar lotes con similares edades o condición corporal para evitar la dominancia, el ganado astado es más dominante que el mocho, los pesados más que los livianos, las vacas adultas más que las vacas de cría jóvenes y el ganado Angus más que el Hereford (Sowell y col. 2000). Los animales subordinados consumen menos suplemento, están menos tiempo en los comederos y más tiempo esperando y por lo tanto ganan menos peso vivo que los animales dominantes (Sowell y col. 2000).

Siempre puede existir un pequeño grupo de animales que no consuman suplemento, transcurrido 7 a 10 días de iniciada la suplementación se los debería retirar del lote. La suplementación generalmente reduce el tiempo de pastoreo (Krysl y Hess 1993) y los animales aunque no consuman suplemento adoptan un comportamiento social similar al resto del rodeo, reducen el tiempo de pastoreo, el consumo de forraje y en consecuencia la ganancia de peso vivo (Holder 1962).

Los animales con experiencia previa al consumo de suplemento aceptan más rápido un nuevo suplemento que los animales sin experiencia (Bowman y Sowell 1997). Los animales acostumbrados a consumir suplemento estimulan al resto del rodeo a acercarse a los comederos y a ingerir suplemento (Bowman y Sowell 1997). Para facilitar el aprendizaje se puede rociar por encima del suplemento pequeñas cantidades de algún componente altamente palatable como por ejemplo melaza deshidratada, sal común, etc.

6.4 Horario de suplementación.

Cuando se suplementa se debe tener la precaución de hacerlo siempre a la misma hora del día para que los animales se acostumbren a una rutina e interfiera lo menos posible con su patrón normal de comportamiento.

Los rumiantes presentan dos picos principales de pastoreo, uno al amanecer y otro al atardecer (Forbes 1995). El suministro de suplementos se debe realizar en aquellos momentos del día en los cuales los animales normalmente no pastorean para interferir lo menos posible con el patrón normal de pastoreo. En un experimento, Adams (1985) demostró que los animales suplementados en aquellos momentos del día en los cuales presentaban una mayor actividad de pastoreo ganaban menos peso vivo que aquellos suplementados en torno al mediodía.

6.5 Forma física de los suplementos.

Los suplementos pueden presentarse bajo diversas formas físicas: secos, líquidos y en forma de bloques cuyas características se describieron en el capítulo anterior. Son de elección los suplementos en forma seca pues presentan menor variación individual en el consumo y menor proporción de animales que no consumen suplemento en comparación con los suplementos en forma de bloques y los de presentación líquida (cuadro 6.1) (Bowman y Sowell 1997).

Cuadro 6.1 Relación entre el tipo de suplemento y la variabilidad en el consumo del mismo (adaptado de Bowman y Sowell 1997).

	Tipo de suplemento		
Consumo de suplemento	Seco	Bloque	Líquido
% Animales no consumen	15	14,3	23,5
Coef. Var. Individual	41	79	60

Los bloques de consistencia dura llevan a un menor consumo y a una mayor variabilidad en el consumo de suplemento que los bloques de consistencia blanda (Bowman y Sowell 1997), además los bloques de consistencia muy dura impiden que los animales consuman la cantidad asignada de suplemento mientras que los bloques de consistencia muy blanda tienden a desgranarse fácilmente en el campo y llevar a un sobreconsumo del mismo.

6.6 Regulación del consumo con sal.

Para reducir costos de transporte y mano de obra los suplementos para rumiantes a pastoreo pueden ser formulados para ser administrados en forma de autoconsumo, es decir que los animales tengan acceso libre y permanente al suplemento y puedan ingerirlo a voluntad. Para lograr que los animales ingieran diariamente solo la cantidad asignada de suplemento y evitar el consumo excesivo del mismo se emplean reguladores del consumo como por ejemplo cloruro de sodio, ácido fosfórico, cloruro de calcio, etc.

El regulador del consumo más frecuentemente empleado es el cloruro de sodio o sal común, la cual a bajo nivel es un eficaz estimulante del consumo mientras que en elevadas concentraciones limita el consumo de alimentos. Cuando el cloruro de sodio es utilizado como limitante del consumo de suplementos muy palatables como los concentrados energéticos o proteicos el consumo diario de sal varía entre 0.05 a 0.15% del peso vivo, presupuestándose generalmente un consumo promedio de sal de 0.1% del peso vivo (Kunkle y col. 2000), si el nivel de suplementación proteica deseado es por ejemplo de 0.3% del peso vivo se debería mezclar dicha cantidad de suplemento con aproximadamente 0.1% del peso vivo de sal común.

Para regular el consumo es mas eficaz la sal gruesa que la fina, además es conveniente que el suplemento presente un tamaño de partícula similar al de la sal para prevenir la separación de ambos y así evitar el sobreconsumo de suplemento (Rich y col. s/f). El peleteado disminuye la efectividad de la sal como regulador del consumo y los alimentos con alta humedad tienden a aumentar el consumo de sal (Kunkle y col. 2000).

Los animales alimentados con sal beben de 50 a 75% más agua que lo normal y el agua en abundancia es esencial para prevenir problemas de intoxicación por sal (Rich y col. s/f). Cuando el suplemento se deposita en la cercanía de las aguadas los animales tienden a consumir más sal de lo esperado y por lo tanto el consumo de suplemento también sería mayor.

Hay que tener en cuenta que no todos los animales presentan el mismo consumo de sal, en consecuencia se debe monitorear periódicamente el consumo de suplemento para ajustar (aumentar o disminuir) en caso de ser necesario la cantidad de sal de la mezcla (Rich y col. s/f; Kunkle y col. 2000).

6.7 Almacenamiento del suplemento en el campo.

El almacenamiento de los suplementos cerca del lugar de suplementación facilita la tarea diaria de suministro. El almacenamiento en el campo de cantidades de suplemento suficiente para varios días se puede realizar fácilmente colocando las bolsas de suplemento sobre empalizadas de madera, carros, zorras, etc. teniendo la precaución de taparlas con lonas para evitar el daño por lluvia y rocío y para impedir que los animales rompan las bolsas y consuman el suplemento.

Otra forma fácil de almacenar el suplemento en el campo es colocándolo dentro de bolsas de polietileno para lana, aproximadamente entran 6 bolsas de 40 a 50 kg de suplemento colocadas en forma transversal en una bolsa para lana. Las bolsas para lana se colocan sobre varejones de madera para evitar el contacto directo con el suelo, cerrando la boca de la bolsa para evitar la entrada de agua.

Referencias Bibliográficas

1) Adams, D. (1985): Effect of time of supplementation on performance, forage intake and grazing behavior of yearling beef steers grazing russian wild ryegrass in the fall. J. Anim. Sci. 61: 1037–1042.

2) AFRC. (1993): Necesidades energéticas y proteicas de los rumiantes. Editorial Acribia, Zaragoza, España, p. 175.

3) Allden, W. (1981): Energy and protein supplements for grazing livestock. En: F. H. W. Morley (Ed.): Grazing Ruminants, Elsevier Scientific Publishing Co., Amsterdam, pp. 289–307.

4) Allen, M.; Bradford, B.; Oba, M. (2009): Board-Invited Review: The hepatic oxidation theory of the control of feed intake and its application to ruminants. J. Anim. Sci. 87-3317-3334.

5) Azevedo, E.; Ospina, H.; Da Silveira, A.; López, J.; Bruning, G.; Kozloski, G. (2008) Incorporação de uréia encapsulada em suplementos protéicos fornecidos para novilhos alimentados com feno de baixa qualidade. Ciência Rural 38:1381-1387.

6) Azevedo, E.; Ospina, H.; Da Silveira, A.; López, J.; Nörnberg, J.; Brüning, G. (2010): Suplementação nitrogenada com ureia comum ou encapsulada sobre parámetros ruminais de novilhos alimentados com feno de baixa qualidade. Ciência Rural 40:622-627.

7) Bach, A.; Calsamiglia, S.; Stern, M. (2005): Nitrogen metabolism in the rumen. J. Dairy Sci. 88(E. Suppl.):E9-E21.

8) Bailey, D. (2004): Management strategies for optimal grazing distribution and use of arid rangelands. J. Anim. Sci. 82(E. Suppl.):E147–E153.

9) Bandyk, C., Cochran, R., Wickersham, T., Titgemeyer, E., Farmer, C., Higgins, J. (2001): Effect of ruminal versus postruminal administration of degradable protein on utilization of low-quality forage by beef steers. J. Anim. Sci. 79:225–231.

10) Bargo, F.; Muller, L.; Kolver, E.; y Delahoy (2003):"Invited review: Production and Digestion of supplemented dairy cows on pasture" J. Dairy Sci. 86:1-42.

11) Beaty, J; Cochran, R; Lintzenich, B; Vanzant, E; Morrill, J; Brandt, R; Johnson, D. (1994): Effect of frequency of supplementation and protein concentration in supplements on performance and digestion characteristics of beef cattle consuming low-quality forages. J. Anim. Sci. 72:2475-2486.

12) Bodine, T; Purvis, H. (2003): Effects of supplemental energy and/or degradable intake protein on performance, grazing behavior, intake, digestibility, and fecal and blood indices by beef steers grazed on dormant native tallgrass prairie. J. Anim. Sci. 81:304–317.

13) Bodine, T; Purvis, H; Ackerman, C; Goad, C. (2000): Effects of supplementing prairie hay with corn and soybean meal on intake, digestion, and ruminal measurements by beef steers. J. Anim. Sci. 78:3144–3154.

14) Bowman, J.; Sowell, B.; Paterson, J. (1995): Liquid supplementation for ruminants fed low-quality forage diets: A review. Anim. Feed Sci. Tech. 55:105-138.

15) Bowman, J; Sowell, B. (1997): Delivery method and supplement consumption by grazing ruminants: A review, J. Anim. Sci. 75:543-550.

16) Broderick, G. (1995): Desirable characteristics of forage legumes for improving protein utilization in ruminant. J. Anim. Sci. 73:2760-2773.

17) Butler, W. (1998): Review: Effect of protein nutrition on ovarian and uterine physiology in dairy cattle. J. Dairy Sci. 81:2533-2539.

18) Cabrita, A.; Dewhurst, R.; Abreu, J.; Fonseca, A. (2006): Evaluation of the effects of synchronizing the availability of N and energy on rumen function and production responses of dairy cows – a review. Anim. Res. 55:1–24.

19) Caton, J; Dhuyvetter, D. (1997): Influence of energy supplementation on grazing ruminants: Requirements and responses, J. Anim. Sci. 75:533-542.

20) Chalupa, W. (1968): Problems in feeding urea to ruminants. J. Anim. Sci. 27:207-219.

21) Chizzotti, F.; Chizzotti, M.; Tedeschi, L.; Pereira, O.; Valadares Filho, S. (2007): Meta-analysis of the effects of dietary urea levels on performance, digestibility, and N metabolism in crossbred steers. J. Anim. Sci. 85(Suppl. 2) 33 (Abstr.).

22) Clanton, D. C. (1978): Non-protein nitrogen in range supplements. J. Anim. Sci. 47:765-779.

23) Cochran, R; Koster, H; Olson, K; Heldt, J; Mathis, C; Woods, B. (1998): Supplemental protein sources for grazing beef cattle, Proc. 9th Annual Florida Ruminant Nutrition Symposium, University of Florida, Gainesville.

24) Cole, N.; Todd, R. (2008): Opportunities to enhance performance and efficiency through nutrient synchrony in concentrate-fed ruminants. J. Anim. Sci. 86(E. Suppl.):E318-E333.

25) De Paula, A.; Ferreira, R.; Orsine, G.; Guimaraes, L.; De Oliveira, E. (2009): Ureia polímero e ureia pecuária como fontes de nitrogênio sólubel no rúmen: Parâmetros ruminal e plasmático. Ciência Animal Brasileria 10:1-8.

26) DelCurto, T; Cochran, R; Corah, A; Beharka, A; Vanzant, E; Johnson, D. (1990b): Supplementation of dormant tallgrass-prairie forage: II. Performance and forage utilization characteristics in grazing beef cattle receiving supplements of different protein concentration. J. Anim. Sci. 68:532–542.

27) DelCurto, T; Cochran, R; Harmon, D; Beharka, A; Jacques, K, Towne, G; Vanzant, E. (1990a): Supplementation of dormant tallgrass-prairie forage: I. Influence of varying supplemental protein and (or) energy levels on forage utilization characteristics of beef steers in confinement. J. Anim. Sci. 68:515-531.

28) DelCurto, T; Hess, B; Huston, J; Olson, K. (2000): Optimum supplementation strategies for beef cattle consuming low-quality roughages in the western United States, Proc. of Am. Soc. of Anim. Sci. 1999.

29) Dixon, R.; Stockdale, C. (1999): Associative effects between forages and grains: consequences for feed utilization. Aust. J. Agric. Res. 50:757-773.

30) Dolberg, F.; Finlayson, P. (1995): Treated straw for beef production in China. World Animal Review 82 (1):14.

31) Donaldson, R.; McCann, M.; Amos, H.; Hoveland C. (1991): Protein and fiber digestion by steers grazing winter annuals and supplemented with ruminal escape protein. J. Anim. Sci. 69:3067-3071.

32) Egan, A. (1980): Host animal rumen relationships. Proc. Nutr. Soc. 39:79-87.

33) Elizalde, J.; Santini, F. (1992): Factores nutricionales que limitan las ganancias de peso en bovinos en el periodo otoño-invierno. INTA Balcarce, Boletín Técnico N° 104, p. 27.

34) Ellis, W.; Poppi, D.; Matis, J. (2000): Feed intake in ruminants: kinetic aspects. En: J. P. F. D´Mello (Editor): Farm Animal Metabolism and Nutrition, CAB International, Wallingford, pp. 335-363.

35) Emerick, R. (1988): Intoxicación por nitrato y urea. En: D. C. Church (Editor): El Rumiante: Fisiología Digestiva y Nutrición, Ed. Acribia S.A., pp. 553-558.

36) Fahey, G; Bourquin, L; Titgemeyer, E; Atwell, D. (1993): Postharvest treatment of fibrous feedstuffs to improve their nutritive value. En: H. G. Jung, D. R. Buxton, R. D. Hatfield, y J. Ralph (Ed.) Forage cell wall structure and digestibility, ASA-CSSA-SSSA, Madison, pp. 715–766.

37) Farmer, C; Cochran, R; Simms, D; Klevesahl, E; Wichersahm, T; Johnson, D. (2001): The effects of several

supplementation frequencies on forage use and the performance of beef cattle consuming dormant tallgrass prairie forage. J. Anim. Sci. 79: 2276–2285.

38) Farmer, C; Woods, B; Cochran, R; Heldt, J; Mathis, C; Olson, K; Titgemeyer, E; Wickersham, T. (2004): Effect of supplementation frequency and supplemental urea level on dormant tallgrass-prairie hay intake and digestion by beef steers and prepartum performance of beef cows grazing dormant tallgrass-prairie. J. Anim. Sci. 82:884–894.

39) Ferguson, J.; Galligan, D.; Blanchard, T.; Reeves, M. (1993): Serum urea nitrogen and conception rate: The usefulness of test information. J. Dairy Sci. 76:3742-3746.

40) Fernandez, J.; Croom, W.; Johnson, A.; Jaquette, R.; Edens, F. (1988): Subclinical ammonia toxicity in steers: Effects on blood metabolite and regulatory hormone concentrations. J. Anim. Sci. 66:3259-3266.

41) Fernandez, J.; Croom, W.; Tate, L.; Johnson, A. (1990): Subclinical ammonia toxicity in steers: Effects on hepatic and portal-drained visceral flux metabolites and regulatory hormones. J. Anim. Sci. 68:1726-1742.

42) Firkins, J. (2011): Liquid feeds and sugars in diets for dairy cattle. Proc. 22th Annual Florida Ruminant Nutrition Symposium, University of Florida, Gainesville, pp. 62-79.

43) Fonnesbeck, P.; Kearl, L.; Harris, L. (1975): Feed grade biuret as a protein replacement for ruminants. A Review. J. Anim. Sci. 40:1150-1184.

44) Forbes, J. M. (1995): Voluntary food intake and diet selection in farm animals. CAB International, Wallingford, UK, 532 p.

45) Freer, M.; Moore, A.; Donnelly, J. (1997): GRAZPLAN: Decision support systems for Australian grazing enterprises-II. The animal biology model for feed intake, production and reproduction and the GrazFedd DSS. Agricultural System 54:77-126.

46) Galo, E.; Emanuele, S.; Sniffen, C; White, J.; Knapp, J. (2003): Effects of a polymer-coated urea product in nitrogen metabolism in lactating Holstein dairy cattle. J. Dairy Sci. 86:2154-2162.

47) Galyean, M.; Goetsch, A. (1993): Utilization of forage fiber by ruminants. En: H. G. Jung, D. R. Buxton, R. D. Hatfield, y J. Ralph (Ed.) Forage cell wall structure and digestibility, ASA-CSSA-SSSA, Madison, pp. 33–71.

48) Golombeski, G.; Kaischeur, K.; Hippen, A.; Schingoethe, D. (2006): Slow-release urea and highly fermentable sugars in diets fed to lactating dairy cows. J. Anim. Sci. 89:4395-4403.

49) Hall, M.; Huntington, G. (2008): Nutrient synchrony: Sound in theory, elusive in practice. J. Anim. Sci. 86(E. Suppl.):E287-E292.

50) Hammond, A. (1992): Use of blood urea nitrogen concentration to guide protein supplementation in cattle, Proc. 3rd Annual Florida Ruminant Nutrition Symposium, University of Florida, Gainesville.

51) Hammond, A. (1997): Update on BUN and MUN as a guide for protein supplementation in cattle, Proc. 8th Annual Florida Ruminant Nutrition Symposium, University of Florida, Gainesville.

52) Heldt, J; Cochran, R; Mathis, C; Woods, B; Olson, K; Titgemeyer, E; Nagaraja, T; Vanzant, E; Johnson, D. (1999):

Effects of level and source of carbohidrate and level of degradable intake protein on intake and digestion of low-quality tallgrass-prairie hay by beef steers. J. Anim. Sci. 77:2846–2854.

53) Helmer, L.; Bartley, E. (1971): Progress in the utilization of urea as a protein replacer for ruminants. A Review. J. Dairy Sci. 54:25-51.

54) Hersom, M. (2008): Opportunities to enhance performance and efficiency through nutrient synchrony in forage-fed ruminants. J. Anim. Sci. 86(E. Suppl.):E306-E317.

55) Highstreet, A.; Robinson, P.; Robinson, J.; Garrett, J. (2010): Response of Holstein cows to replacing urea with a slowly rumen released urea in a diet high in soluble crude protein. Livestock Science 129:179-185.

56) Holder, J. (1962): Supplementary feeding of grazing sheep – Its effect on pasture intake. Proc. Aust. Soc. Anim. Prod. 4:154-159.

57) Hoover, W. (1986): Chemical factors involved in ruminal fiber digestion. J. Dairy Sci. 69:2755-2766.

58) Horn, G.; Beck, P.; Andrae, J.; Paisley, S. (2005): Designing supplements for stocker cattle grazing wheat pasture. J. Anim. Sci. 83 (E. Suppl.):E69–E78.

59) Huber, J. (1972): Research on liquid nitrogen supplements for dairy cattle. J. Anim. Sci. 34:166-170.

60) Huber, J.; Kung, L. (1981): Protein and nonprotein nitrogen utilization in dairy cattle. J. Dairy Sci. 64:1170-1195.

61) Huntington, G.; Harman, D.; Kristensen, N.; Hanson, K.; Spears, J. (2006): Effects of a slow-release urea source on

absorption of ammonia and endogenous production of urea by cattle. Anim. Feed Sci. Tech. 130:225-241.

62) Huntington, G; Archibeque, S. (2000): Practical aspects of urea and ammonia metabolism in ruminants, Proc. of Am. Soc. of Anim. Sci. 1999.

63) Hussein, H.; Jordan, R. (1991): Fish meal as protein supplement in ruminant diets: A review. J. Anim. Sci. 69:2147-2156.

64) Inostroza, J.; Shaver, R.; Cabrera, V.; Tricárico, J. (2010): Effect of diets containing a controlled-release urea product on milk yield, milk composition, and milk component yields in commercial Wisconsin dairy herd and economic implications. Prof. Anim. Sci. 26:175-180.

65) Jarrigue, R.; Demarquilly, C.; Dulphy, J. (1982): Forage conservation. En: J. B. Hacker (Editor): Nutritional Limits to Animal Production from Pastures, Commonwealth Agricultural Bureaux, Farnham Royal, pp. 363-387.

66) Kaur, II.; Arora, S. (1995): Dietary effects on ruminant livestock reproduction with particular reference to protein. Nutr. Res. Rev. 8:121-136.

67) Kertz, A. (2010): Urea feeding to dairy cattle: A historical perspective and review. Prof. Anim. Sci. 26:257-272.

68) Klevesahl, E; Cochran, R; Titgemeyer, E; Wickersham, T; Farmer, C; Arroquy, J; Johnson, D. (2003): Effect of a wide range in the ratio of supplemental rumen degradable protein to starch on utilization of low-quality, grass hay by beef steers. Anim. Feed Sci. Technol. 105:5–20.

69) Kononoff, P.; Heinrichs, A.; Gabler, M. (2006): The effects of nitrogen and forage source on feed efficiency and structural

growth of prepubertal Holstein heifers. Prof. Anim. Sci. 22:84-88.

70) Koster, H; Cochran, R; Titgemeyer, E; Vanzant, E; Abdelgadir, I; St-Jean, G. (1996): Effect of increasing degradable intake protein on intake and digestion of low-quality, tallgrass-prairie forage by beef cows. J. Anim. Sci. 74:2473-2481.

71) Koster, H; Cochran, R; Titgemeyer, E; Vanzant, E; Nagaraja, T; Kreikemeier, K; St. Jean, G. (1997): Effect of increasing proportion of supplemental nitrogen from urea on intake and utilization of low-quality, tallgrass-prairie forage by beef steers. J. Anim. Sci. 75:1393-1399.

72) Koster, H; Woods, B; Cochran, R; Vanzant, E; Titgemeyer, E; Grieger, D; Olson, K; Stokka, G. (2002): Effect of increasing proportion of supplemental N from urea in prepartum supplements on range beef cow performance and on forage intake and digestibilitiy by steers fed low-quality forage. J. Anim. Sci. 80: 1652-1662.

73) Krehbiel, C.; Bandyk, C.; Hersom, M.; Branine, M. (2008): Alpharma Beef Cattle Nutrition Symposium: Manipulation of nutrient synchrony. J. Anim. Sci. 86(E. Suppl.):E285-E286.

74) Krysl, L; Hess, B. (1993): Influence of supplementation on behavior of grazing cattle. J. Anim. Sci. 71:2546-2555.

75) Kunkle, W; Johns, J; Poore, M; Herd, D.(2000): Designing suppplementation programs for beef cattle fed forage – bases diets, Proc. of Am. Soc. of Anim. Sci. 1999.

76) Latimori, N; Kloster, A.(1997): Suplementación sobre pasturas de calidad. En: Invernada bovina en zonas mixtas, INTA Centro Regional Córdoba, pp. 93-114.

77) Lean, I.; Celi, P.; Raadsma, H.; McNamara, J.; Rabiee, A. (2012): Effects of dietary crude protein on fertility: Meta-analysis and meta-regression. Anim. Feed Sci. Tech. 171:31-42.

78) Leng, R. ; Jessop, N.; Kanjanapruthipong, J. (1993): Control of feed intake and the efficiency of utilisation of feed by ruminants. Recent Advances in Animal Nutrition in Australia, 12:70–88.

79) Leng, R. A. (1990): Factors affecting the utilization of poor quality forages by ruminants particularly under tropical conditions. Nutr. Res. Rev. 3:277-303.

80) Loest, C.; Titgemeyer, C.; Drouillard, J.; Lambert, B.; Trater, A. (2001): Urea and biuret as nonprotein nitrogen sources in cooked molasses blocks for steers fed prairie hay. Anim. Feed Sci. Tech. 94:115-126.

81) Marichal, M.; Trujillo, A.; Guerra, M.; Carriquiry, M.; Piaggio, L. (2009): Comparación de las cinéticas de liberación de N-NH3 in vitro y de la degradación ruminal del N de la urea protegida, urea y suplementos agroindustriales. Agrociencia 13:52-59.

82) Matejovsky, K; Sanson, D. (1995): Intake and digestion of low-, medium-, and high-quality grass hays by lambs receiving increasing levels of corn supplementation. J. Anim. Sci. 73:2156–2163.

83) Mathis, C; Cochran, R; Heldt, J; Woods, B; Abdelgadir, I; Olson, K; Titgemeyer, E; Vanzant, E. (2000): Effects of supplemental degradable intake protein on utilization of medium- to low-quality forages. J. Anim. Sci. 78:224–232.

84) Mbongo, T.; Poppi, D.; Winter, W. (1994): The live weight gain response of cattle grazing Setaria spacelata pastures when supplemented with formaldehyde treated casein. Proc. Aust. Soc. Anim. Prod. 1994 Vol. 20

85) McCollum, F; Galyean, M. (1985): Influence of cottonseed meal supplementation on voluntary intake, rumen fermentation and rate of passage of prairie hay in beef steers. J. Anim. Sci. 60:570-577.

86) McCollum, T. (1997): Supplementation strategies for beef cattle, Texas A&M University System, Texas Agric. Ext. Service, Publ. B-6067.

87) McDowell, L. R. (1992): Minerals in animal and human nutrition, Academic Press, 524 p.

88) McLennan, S. ; Poppi, D. ; Gulbransen, B. (1995): Supplementation to increase growth rates of cattle in the tropics-protein or energy. Recent Advances in Animal Nutrition in Australia, pp. 89-96.

89) Merchen, N., Titgemeyer, E. (1992): Manipulation of amino acid supply to the growing ruminant. J. Anim. Sci. 70:3238-3247.

90) Merchen, N.; Elizalde, J.; Drackley, J. (1997): Current perspective on assessing site of digestion in ruminants. J. Anim. Sci. 75:2223-2234.

91) Minson, D. (1990): Forage in ruminant nutrition. Academic Press, 483 p.

92) Montossi, F; Pigurina, G; Santamarina, I; Berretta, E (2000): "Selectividad animal y valor nutritivo de la dieta de ovinos y vacunos en sistemas ganaderos: teoría y práctica". INIA, Serie Técnica Nro. 113.

93) Moore, J; Brant, M; Kunkle, W; Hopkins, D. (1999): Effects of supplementation on voluntary forage intake, diet digestibility, and animal performance. J. Anim. Sci. 77(Suppl. 2):122-135.

94) Nocek, J.; Russell, J. (1988): Protein and energy as an integrated system. Relationship of ruminal protein and carbohydrate availability to microbial synthesis and milk production. J. Dairy Sci. 71:2070–2107.

95) NRC (2000): Nutrient requirements of beef cattle, 7th Revised Edition: Update 2000, Washington D.C., National Academy Press, 248 p.

96) NRC (2001): Nutrient requirements of dairy cattle, 7th. Revised Edition, National Academy Press, 408 p.

97) Oltjen, R. (1969): Effects of feeding ruminants non-protein nitrogen as the only nitrogen source. J. Anim. Sci. 28:673-682.

98) Ospina, H.; Campos, R.; Sierra, M.; Ximenes, R. (2007): Suplementación mineral-proteica en la cría bovina. XXXV Jornadas Uruguayas de Buiatría, pp. 226-247.

99) Owens, F.; Zinn, R. (1988): Metabolismo de las proteínas en los rumiantes. En: D. C. Church (Editor): El Rumiante: Fisiología Digestiva y Nutrición, Ed. Acribia S.A., pp. 255-281.

100) Parker, D.; Lomax, M.; Seal, C.; Wilton, J. (1995): Metabolic implications of ammonia production in the ruminant. Proc. Nutr. Soc. 54:549-563.

101) Poppi, D. y McLennan, S. (1995): Protein and energy utilization by ruminants at pasture. J. Anim. Sci. 73:278-290.

102) Reinoso, V; Soto, C. (2006a): Cálculo y manejo en pastoreo controlado. I) Nivel de oferta forrajera y utilización de la pastura. Veterinaria (Montevideo). Vol. 41, Nro. 161–162: 9–14.

103) Reinoso, V; Soto, C. (2006b): Cálculo y manejo en pastoreo controlado. II) Pastoreo rotativo y en franjas. Veterinaria (Montevideo). Vol. 41, Nro. 161–162: 15–24.

104) Reinoso, V; Soto, C. (2006c): Cálculo y manejo en pastoreo controlado. III) Pastoreo por horas. Determinación de la disponibilidad y crecimiento de la pastura. Veterinaria (Montevideo). Vol. 41, Nro. 161–162: 25–30.

105) Repetto, J; Cajarville, C; D'Alessandro, J; Curbelo, A; Soto, C; Garín, D. (2005): Effect of wilting and ensiling on ruminal degradability of temperate grass and legume mixtures, Anim. Res. 54:73–80

106) Reynolds, C.; Kristensen, N. (2008): Nitrogen recycling through the gut and the nitrogen economy of ruminants: An asynchronous symbiosis. J. Anim. Sci. 86(E. Suppl.):E293-E305.

107) Rich, T.; Armbruster, S.; Gill, D. (s/f): Limiting feed intake with salt, Oklahoma Cooperative Extension Service, F-3008, 2 p.

108) Saldaña, S. (2005): "Manejo del pastoreo en campos naturales sobre suelos medios de basalto y suelos arenosos de cretácico". En: Seminario de actualización técnica en manejo de campo natural, INIA, Serie Técnica 151, pp. 75–84.

109) Sanson, D. (1993): Effects of increasing levels of corn or beet pulp on utilization of low-quality creste wheatgrass

hay by lambs and in vitro dry matter desappearance of forages. J. Anim. Sci. 71:1615–1622.

110)   Soto, C.; Reinoso, V. (2007): Suplementación proteica en ganado de carne. Veterinaria (Montevideo) 42 (167):27-34.

111)   Souza, V.; Almeida, R.; Silva, D.; Piekarski, P.; Jesus, C.; Pereira, M. (2010): Substituição parcial de farelo de soja por ureia protegida na produção e composição do leite. Arq. Bras. Med. Vet. Zootec. 62:1415-1422.

112)   Sowell, B; Mosley, J; Bowman, J. (2000): Social behavior of grazing beef cattle: Implications for management. Proc. Am. Soc. Anim. Sci, 1999.

113)   Sprinkle, J. (2000): Protein supplementation, The University of Arizona, Cooperative Extension.

114)   Stafford, S; Cochran, R; Vanzant, E; Fritz, J. (1996): Evaluation of the potential of supplements to substitute for low-quality, tallgrass-prairie forage. J. Anim. Sci. 74:639–647.

115)   Taylor-Edwards, C.; Elam, N.; Kitts, S.; McLeod, K.; Axe, D.; Vanzant, E.; Kristensen, B.; Harmon, D. (2009b): Influence of slow-release urea on nitrogen balance and portal-drained visceral nutrient flux in beef steers. J. Anim. Sci. 87:209-221.

116)   Taylor-Edwards, C.; Hibbar, G.; Kitts, S.; McLeod, K.; Axe, D.; Vanzant, E.; Kristensen, B.; Harmon, D. (2009a): Effects of slow-release urea on ruminal digesta characteristics and growth performance in beef steers. J. Anim. Sci. 87:200-208.

117)   Tedeschi, L.; Baker, M.; Ketchen, D.; Fox, D. (2002): Performance of growing and finishing cattle supplemented

with a slow-release urea product and urea. Can. J. Anim. Sci. 82:567-573.

118) Tedeschi, L.; Fox, D.; Russell, J. (2000): Accounting for the effects of a ruminal nitrogen deficiency with in the structure of the Cornell Net Carbohydrate and Protein System. J. Anim. Sci. 78:1648-1658.

119) Titgemeyer, E.; Loest, C. (2001): Amino acid nutrition: Demand and supply in forage-fed ruminants. J. Anim. Sci. 79 (E. Suppl.):E180-E189.

120) Tomkins, N.; Fenwicke, C.; Hunter, R. (2004): High molasses diets for feedlot cattle. Anim. Prod. Aust. 25:184-187.

121) Underwood, E.; Suttle, N. (1999): The mineral nutrition of livestock, 3rd. Edition, CAB International, 614 p.

122) Van Soest, P. (1994): Nutritional ecology of the ruminant. 2nd Edition, Cornell University Press. 476 p.

123) Visek, W. (1984): Ammonia: Its effects on biological systems, metabolic hormones, and reproduction. J. Dairy Sci. 67:481-498.

124) Wahrmund, J.; de Araujo, D.; Hersom, M.; Arthington, J. (2007): Evaluation of Optigen II ® as a source of rumen degradable protein for mature beef cows. J. Anim. Sci. 85:(Suppl. 2) 28 (Abstr.).

125) Wahrmund, J.; Hersom, M.; Thrift, T.; Yelich, J. (2011): Case Study: Use of dried distillers grains, soybean hulls, or both to background beef calves fed bahiagrass hay. Prof. Anim. Sci. 27:365-374.

126) Waldo, D. (1986): Effect of forage quality on intake and forage-concentrate interactions. J. Dairy Sci. 69:1617_1631.

127)   Wickersham, T.; Cochran, R.; Titgemeyer, E.; Farmer, C.; Klevesahl , E.; Arroquy, J.; Johnson, D.; Gnad, D. (2004): Effect of postruminal protein supply on the response to ruminal protein supplementation in beef steers fed a low-quality grass hay. Anim. Feed Sci. and Tech. 115:19–36.

128)   Wilson, G.; Martz, F.; Campbell, J.; Becker, B. (1975): Evaluation of factors responsible for reduced voluntary intake of urea diets for ruminants. J. Anim. Sci. 41:1431-1437.